中华优秀传统文化系列读物

东方逻辑趣谈

〔日〕末木刚博 著

孙中原 译

图书在版编目（CIP）数据

东方逻辑趣谈 /（日）末木刚博著；孙中原译. —北京：商务印书馆，2021
（中华优秀传统文化系列读物）
ISBN 978-7-100-20040-0

Ⅰ.①东… Ⅱ.①末… ②孙… Ⅲ.①逻辑学－通俗读物 Ⅳ.①B81-49

中国版本图书馆CIP数据核字（2021）第119892号

权利保留，侵权必究。

中华优秀传统文化系列读物
东方逻辑趣谈
〔日〕末木刚博 著
孙中原 译

商 务 印 书 馆 出 版
（北京王府井大街36号 邮政编码 100710）
商 务 印 书 馆 发 行
三河市尚艺印装有限公司印刷
ISBN 978-7-100-20040-0

2021年12月第1版	开本 880×1230 1/32
2021年12月第1次印刷	印张 12

定价：68.00元

创转创发相融通

——"中华优秀传统文化系列读物"丛书序

习近平总书记2014年9月24日在纪念孔子诞辰研讨会上讲话说,要"努力实现传统文化的创造性转化、创新性发展,使之与现实文化相融相通"。故本丛书取名"中华优秀传统文化系列读物"。以下简述本丛书著作的宗旨、缘起和内容。

一、宗旨

本丛书的宗旨,是弘扬中华优秀传统文化,阐发中华优秀传统文化"与现实文化相融相通"的意涵,推动中华优秀传统文化在新时代的"创造性转化、创新性发展",为振兴中华,实现中华民族伟大复兴的中国梦,提供锐利的思想武器和强大的精神动力,致力于中华优秀传统文化的大众化,普及化,力求做到通俗易懂,有科学性、知识性和可读性,适合广大人民群众阅读。

二、缘起

本丛书著作，缘起于我跟商务印书馆多年良好的合作共事。经多年酝酿，编撰拙著《中国逻辑研究》，2006年由商务印书馆出版。2015年经全国哲学社会科学规划办公室组织专家评审，全国哲学社会科学规划领导小组批准，获2015年国家社科基金中华学术外译项目立项，译为英文，在国外刊行。合著《墨子今注今译》，2009年由商务印书馆出版，2012年第2次印刷。从2012年至今，我陆续跟商务印书馆签约，致力于本丛书的编撰。这是我1961到1964年奉调师从中国科学院哲学研究所汪奠基、沈有鼎教授，专攻古文献，历经数十年教学和研究积淀的成果。

三、内容

本丛书首批出版著作15种：

1.《五经趣谈》：趣谈《诗》《书》《礼》《易》与《春秋》的义理。

2.《二十四史趣谈》：趣谈二十四史的启示借鉴。

3.《诸子百家趣谈》：趣谈诸子百家人物、流派、典籍与学说。

4.《古文大家趣谈》：趣谈古文大家的文学精粹。

5.《墨学趣谈》：趣谈墨学的知识启迪。

6.《墨子趣谈》：趣谈墨家的智慧辩术。

7.《墨学与现实文化趣谈》：趣谈墨学与现代文化的关联。

8.《墨学与中国逻辑学趣谈》：趣谈墨学与中国逻辑学的前沿课题。

9.《中国逻辑学趣谈》：趣谈中国逻辑学的精华。

10.《诡辩与逻辑名篇趣谈》：趣谈先秦两汉的诡辩与逻辑名篇。

11.《诸子百家逻辑故事趣谈》：趣谈诸子百家经典的逻辑故事。

12.《中华先哲思维技艺趣谈》：趣谈中华先哲的思维表达技巧。

13.《东方逻辑趣谈》：日学者趣谈中印西方逻辑，著者授权译介。

14.《管子趣谈》：趣谈《管子》的治国理政智谋。

15.《墨经趣谈》：趣谈《墨经》的科学人文精神。

本丛书著作，由商务印书馆编审出版，谨致谢忱。不当之处请指正。

孙中原

2016 年 7 月 15 日

译者前言

近现代中国学术史证明，中国学术若要发展，必须与国际学界互相联通。日本为中国近邻，日语书写，嵌入汉字，汲取华夏元素。中日两国，学理相通，文缘悠远。近代初期，中国移译西方逻辑，借鉴日人论著。近现代日本学者，依凭西方逻辑素养，精研中国逻辑，起步略早，论著颇丰，新意迭出，足资借镜。中日学人，相辅相成，取长补短，助推学术繁兴。

1980年至今40余年，我翻译推介诸多日本学人研究中国逻辑的成果。商务印书馆2016年出版拙著《墨学大辞典》(2015年国家社科基金后期资助项目)收入"日本论墨""渡边卓""浅野裕一""末木刚博""加地伸行""高田淳""宇野精一""大滨浩""墨学在日本"诸词条。《贵州民族大学学报》哲学社会科学版2021年第2期，刊载拙文《论日本学人的中国逻辑观》，畅论末木刚博、加地伸行、宇野精一、大滨浩、高田淳诸同道精研中国逻辑的高见，助推国人研究向纵深推展。

由于专业方向契合，我的翻译推介，以引进日本东京大学末木刚博教授的研究成果为重。末木教授1921年生，比我年长近20岁。鉴于我翻译推介日本学人成果的需要，末木教授慨然应允，授权我翻译推介他的多部论著，并热情相助。从1980年开始，到2007年末木教授逝世的二十多年中，我们多次通信，切磋学术，释疑解难。

中国人民大学出版社1983年出版拙译末木刚博等著《现代逻辑学问题》，1984年出版拙译末木刚博等著《逻辑学——知识的基础》。甘肃人民出版社1989年出版的《因明新探》，收入拙译末木刚博著《新因明的逻辑》《因明的谬误论》。江西人民出版社1990年出版拙译末木刚博著《东方合理思想》。

本书新旧两版的翻译推介，由著者末木刚博教授在1989年通信授权。末木教授在2007年12月1日去世后，其子末木恭彦于2008年2月7日郑重来信，代父再次授权。末木恭彦先生来信称："我是末木刚博的儿子，我父亲于2007年12月1日去世，他这几年生病，不能写信，他接到您的信，希望您把他的《东方合理思想》修订本译成中文，但是他无法写信，现在我代表他，授权您把他的《东方合理思想》修订本译成中文。末木恭彦2008年2月7日。"

本书《东方逻辑趣谈》，据日本法藏馆出版社2001年3月20日《东方合理思想》增补新版校正改订，是1970年7月日本讲谈社现代新书《东方合理思想》（即江西人民出版社1990年出版拙译末木刚博著《东方合理思想》）的修订本。在本书附录中，特意增补末木刚博原著《逻辑学的历史》《因明的谬误论》，译者拙文《末木刚博传略》《末木刚博对东西方逻辑和文化的比较研究》，推介末木教授成果的精义，以飨读者。

　　末木刚博写作本书的宗旨，是为世人提供一种崭新思考的指针，超脱欧美自我中心的传统理念，明确阐发与恰当评价东方的睿智、独特的合理思想和原创的逻辑学说。本书有中韩两国译本出版，有广泛的国际影响。

　　需要特别铭记的是，本书原版《东方合理思想》（江西人民出版社1990年10月第1版），列入季羡林、周一良、庞朴主编的"东方文化丛书"，书前有主编热情洋溢的《总序》，书后有意味深长的《编后记》。拙译文稿，亲交"东方文化丛书"主编季羡林、周一良、庞朴先生。季羡林（1911—1989）先生在1989年79岁高龄时，以主编身份，亲自通读审阅两遍，特意委托秘书、助理兼编委李铮教授，郑重向我转告他本人的称赞："翻译得很好。"在该书的编审出版过程中，丛书常务编辑江西人民出版社唐建福先生，多有亲切相助。

商务印书馆出版拙译《东方逻辑趣谈》，是1990年江西人民出版社出版的《东方合理思想》的增补新版。本书从改稿交稿，到编辑编审，修饰润色，切磋琢磨，历经十年之久。商务印书馆诸位编辑编审，多付辛劳，共推力作。本书面世，诚挚感谢与致敬出版社诸同仁好友的辛勤编改，慷慨帮助。不足之处，敬希读者不吝赐教。

译者孙中原
2021年7月6日于中国人民大学哲学院

著者前言

本书是《东方合理思想》（讲谈社现代新书，1970年刊）的增补新版。本书的宗旨，在于采集东方的合理思想，特别是其逻辑思想。不过，一说"东方"，通常指以中华为中心，包括东夷、北狄、西域和天竺等地，的确是非常广大的地域。而且这个地域的文物，伴随着人类的发生，经历了漫长的历史。在这近于无际限的空间与时间中，像笔者这样学识肤浅的外行，实在是知之甚少。

本来，笔者仅稍窥西方学术，一向马齿徒增。待觉虚度初老之期，遂不由渐生一种类似乡愁之情，思慕东方之心愈益迫切。于是，常觉学识匮乏。虽然为时已晚，而喜好东方古典的亲情，却与日俱增。当然，由于笔者原乏专门素养，不过常常反复于自以为懂，或前后矛盾的解释之中。可是，在血浓于水的道理上，四角四方的汉字，毕竟比西方的蟹行文字，更容易入心。即使对于难解至极的梵文拼写，对其内容也并非不感到亲切。

本书就是笔者在这种理解下，用外行的方法，渐次提出的研究报告。因此，用专家严谨的目光来看，定会被指说为过于鲁莽。笔者甘心接受这样的责备。对笔者来说，根本就没有与专家一争胜负的能力和意图。只因东方是我们的乡里，我们自然有从自己乡里的历史和精神中吸取营养的权利，这犹如婴儿理所当然地具有吮吸母亲乳汁的权利一样。吮吸的方式，可能有高明或拙劣之分，但即使就拙劣者而言，也不能说他没有吮吸的权利。笔者就是在吮吸东方母亲的乳汁，但不是以正统的方式，而是以自己独特的方式来吮吸。因此，阅读本书的读者诸君，也许各有自己随意的解释，甚至于是随意的误读也可以。误读不妨正是读书的奥义。

假如万一有读者在一读之后说："哈哈！东方的古典，也可以作出这样荒唐的解释吗？"从而对笔者的鲁莽，稍具兴味的话，那就请自行进入这东方思想的大密林吧，而这正是笔者的一点微小愿望。

著者末木刚博
1970 年 7 月旧版
2001 年 3 月 20 日法藏馆增补新版

目　　录

序论　东方思想和逻辑 ………………………………………1

第一章　通向省悟的逻辑：印度的逻辑思想 …………9
 第一节　初期佛教的合理精神 ……………………………9
 第二节　古因明的逻辑 ……………………………………20
 第三节　新因明的逻辑 ……………………………………46
 第四节　印度的辩证法 ……………………………………78

第二章　中国佛教的逻辑思想 ……………………………106
 第一节　对现实的肯定 ……………………………………106
 第二节　整体论的真理观 …………………………………118
 第三节　多样性的统一 ……………………………………136

第三章　合理和非合理：中国古代思想的逻辑 ………165
 第一节　完全排除不合理 …………………………………169
 第二节　合理精神的结晶和矛盾的发现 …………………177
 第三节　形式逻辑学的终结 ………………………………191

第四节　通向调和的辩证法 ················201
第五节　东方的自然和社会 ················214
参考文献 ································224

附录一　逻辑学的历史 ····················228
附录二　因明的谬误论 ····················285
附录三　末木刚博传略 ····················334
附录四　末木刚博对东西方逻辑和文化的比较研究 ····352

序论　东方思想和逻辑

在东方思想中，逻辑以怎样的形式存在着？或者说，东方思想所具有的合理性、不合理性和非合理性有怎样的关系？这正是本书所要论述的问题。因此，在开头，拟概观东方思想在整体上的特征。

一、印度思想的特征

（一）一贯以宗教的解脱为目的

东方思想一般以对实践的兴趣为中心，与西方"为知识而知识"这种唯理的思想根本不同。不过，其中印度思想是以宗教的实践为着重点，有试图从知识上来把握它的倾向，因此具有非常合理的一面。

其合理性的最初成果是初期佛教。它以宗教的解脱为目的。其思维方法同西方近代的康德批判哲学非常近似。当然，由于康德的哲学是以近代科学的基础作为着眼点，而近三千年前的初期佛教是以解脱为目的，所以其根本兴趣不同。不过，排除独断的形而上学，专门注目于对现实的批判态度，则都是相同的。

由于这种合理的批判态度，不久就诞生了印度独特的逻辑学。它以佛教为中心而发展起来，在佛教以外也得以发展，其内容是形式逻辑学。并且其发展的顶点，达到了跟亚里士多德的逻辑学大致同等的高度。

但是，亚里士多德的逻辑学，详细论述了逻辑学的所有部门。与此不同，印度逻辑学则常以推理论为中心。这是由于它把推论解脱这种宗教的目的作为其任务。总之，印度逻辑学的特征在于，始终一贯地把宗教的解脱视为目的。亚里士多德开创的西方逻辑学是科学的工具，而印度逻辑学则是解脱的工具。

（二）走向以解脱为目的的否定辩证法

因此，印度逻辑学具有把合理的思考和非合理的（直观的、体验的）解脱相联结的一面，这使它以佛教为中心而发展为一种独特的辩证法。

解脱的心境本身是非合理的情绪或直观。因此，为了由合理思考转移到这种非合理性的解脱，应该经过作为合理性的自我否定的不合理性。于是，就建立了以不合理性（矛盾）为中介的思维辩证法。这是以解脱为目的或以解脱为内容的辩证法。这种辩证法自从迁移到中国佛教后，变形为更独特的思维方式。

这种辩证法，与以黑格尔为代表的西方辩证法的显著不同之处在于，它不是使认识得以发展，而是通向解脱的辩证法。西方从黑格尔到马克思等的辩证法，一般是用来研究认识内容不断重新展开的过程辩证法。与此不同，佛教系统的辩证法，是用来把同一内容从种种观点来重新评价的非过程辩证法。

而且西方辩证法是把认识不断重新展开的肯定辩证法。相反，佛教系统的辩证法，可以区别为以下两种类型。其一是由合理思考转化为非合理解脱的否定型辩证法；另一是由非合理解脱重新复归为合理思考的肯定型辩证法。

这第二种类型的辩证法，在肯定的限度内，具有与西方大致相似的一面。不过，这种肯定的辩证法，在佛教系统中也是建立在解脱这种非合理性的基础上的，是以否定的辩证法为根据的。因此可以说，佛教系统的辩证法，基本上是否定的辩证法。

二、中国思想的特征

（一）以道德的矫正和政治的改革为目的

由于中国思想的特征是以道德和政治问题为中心，所以几乎没有见到把逻辑以纯粹的形式抽象出来加以研究的尝试。因此，在中国思想中，终究没有产生与古希腊或古印度相匹敌的逻辑学。不过，如果没有认识，道德和政治也就不能建立。为了矫正道德，改革政治，首先应该对于人生有正确的认识。而为了获得正确认识，首先应该把握作为认识普遍原理的逻辑。因此，由于实践上的必要，中国也建立了一种逻辑学。

中国逻辑系统的主流是儒教。一提儒教，现代的年轻人可能会认为其如同封建道德的化身一样。不过以《论语》为代表的初期儒教是极合理的人道主义的自由思想，一点卑屈的封建道德等的影子也没有。这种初期儒教合理性的发展，就产生了对其合理性基础的逻辑的反思，并建立了荀子的逻辑学。这就是被称为"正名"的体系。由其名称也大体可知，它是一种名词或概念的逻辑学。

中国逻辑学，在儒教以外的名家、墨家等那里，也大体上是以这种概念的逻辑学为中心。与古希腊的逻辑学史相比较而言，大体相当于苏格拉底的定义思想或亚里士多德的概念论（范畴论）。从外表来看，这不过是处于逻辑学的初级阶段。不过中国逻辑学的正名（概念论）中，也包含命题论和推理论，所以看来也比较成熟。由其中名家所提出的形形色色的悖论可知，如果对逻辑法则没有高度发达的认识，这种悖论是提不出来的。而韩非子至少是历史上最早提倡矛盾律的人之一。由于矛盾律是合理思维的根本原理，所以提倡矛盾律是中国古代思想具有极合理的一面的佐证。

　　不过，与希腊或西方思想"为知识而知识"不同，中国思想是"为道德、政治而知识"。因此，其逻辑学也是用于道德、政治的工具。于是就产生这样的弊端，即认为道德、政治所不需要的，就不值得研究。结果一到秦、汉时代以后，古代逻辑学就几乎未被顾及，特意开发的合理性思维也明显地被扭曲变形。不过，宋代兴起的新儒学注重"理"的思想。这的确是一种合理性的思想。其内容姑且不论，而其逻辑亦终未发展起来。

　　（二）老庄的否定辩证法和《易经》的肯定辩证法

　　在中国思想中可以看到，与上述"正名"的形式逻辑学并列的另一种逻辑学，即为辩证法。这种辩证法有两种类型，其一是老庄思想所具有的否定辩证法，另一是《易经》中所见的肯定辩证法。

　　老庄思想对儒教的世俗道德观点持相反态度，而否定儒教的合理性，是由合理性向非合理性的转移。

　　在《易经》中所见的肯定辩证法，是一种独特的思维方法。它与黑格尔或马克思系统的西方过程辩证法不同，与在佛教中所见的非过程的辩证法也不同。由于它讨论了相反因素的互补性及其变化循环，所以也可以叫作是一种互补的循环的辩证法。它是在西方和印度均未见到的深刻人生智慧的表现。它对我们现代人也有许多教益。不过，与此同时，在这种思想中，也用极其奇怪的空想的形式混入了不合理的思辨，从中可以部分见到作为中国思想通病的不合理性的弱点。

三、日本思想的特征

（一）几与情绪相终始

日本于一千多年前输入了佛教逻辑学的因明。其研究的著作也出了很多。代表作有现存的善珠的《因明大疏明灯抄》等。不过，日本思想的主流在于尊重情绪，即本居宣长派所谓的"情感"。因此，在佛教内部，逻辑学未被顾及，而对佛教外的影响就完全未见。且不说以"幽玄"概念为中心的平安时代的和歌的美学思想，就是在镰仓佛教、足利时代以后的能乐、茶道、华道、连歌、俳谐等的美学思想，以及江户时代的儒教思想中，对逻辑的反省也几乎未见。

不久稍微涉及逻辑的，有镰仓时代慈圆和尚的《愚管抄》。它作为历史哲学的著作是有名的，特别是认为历史是按照理来变化的这一点更为突出。这个"理"的概念，可以认为是来源于华严思想的理法界、理事无碍法界等"理"的概念，总之是诸现象的普遍原理。

若要清楚地把握这个原理，就应该明确地理解逻辑或自然之理。《愚管抄》尚未做出这种严密的分析。而继承慈圆思想，对历史及其他诸现象做合理观察的思想家也未出现。像慈圆那样，把出色的合理性作为思想的中心，是在江户时代中期以后。

（二）无逻辑、非合理的文化

不过，在镰仓佛教中，也可以看到辩证逻辑的若干实例。如亲鸾把信念过程分为三阶段来论述的"三愿转入"之说，很明显地构成了辩证法。而在道元的著作中，可以更频繁地看到辩证法的姿容。作为佛教最终目的的解脱，是非合理的体验。在由日常合理的知性向解脱转移的过程中，必定经历合理性的自我否定。因此，其中自然会包含辩证法。不过，在这里此种辩证法还没有作为一种思维形式来公式化，可以说只是一种不确定的应用，同中国天台宗等所总结的公式化的辩证法有很大区别。

总而言之，在以情绪为本位的日本思想中，理性被不恰当地冷遇了，逻辑也几乎没有被顾及。这种态度，在培育洗练情绪上确有很大作用。而日本文化，作为无逻辑的非合理的文化，在审美方面却无比发达。这一点，即使从今天仍很流行的歌舞伎或茶道等中看来，也很容易理解。

然而，缺乏逻辑会产生不合理性的弊端，这成为历来日本文化的一个弱点。尤其是从太平洋战争的鲁莽，以及最近多发的杀人公害等来看，应该痛切地认识到缺乏逻辑的不合理性会产生多么可怕的后果。

以下在本书中，将探求以佛教为中心的印度逻辑思想和中国古代逻辑思想。至于日本的逻辑思想拟再找机会讨论，在本书中就不再涉及了。

第一章 通向省悟的逻辑：印度的逻辑思想

第一节 初期佛教的合理精神

一、排除无知

（一）以宗教论争为契机而研究逻辑学

印度思想几乎经常以宗教的解脱为目的。然而它不像色目族的宗教思想那样，以唯一的人格神作为无条件的信仰。即便是宗教，也具有试图通过理性的帮助来达到安心立命的倾向。因此，历来在印度思想中，总要添加进若干理性的要素。而印度逻辑学的发达，也就寻源于此。根据宇井伯寿博士的研究，可以认为，以印度正统思想弥曼差派和与其对抗的胜论派的宗教理论的论争为契机，而兴起了对逻辑的反省，对它加以整理就构成了印度逻辑学。

在印度思想中本来就有唯理的倾向，而论争又成了逻辑思想产生的引子。在中国和日本，宗教论争也不少，而同样的论争只在印度才逐渐形成了逻辑学，这是由于在印度有它得以产生的种子。即由于印度的宗教思想并不排除理性，而是包含着理性。因此，即使在逻辑学发达以前，印度思想中也明显包含唯理的、理智的成分。初期佛教就是其中的一个好例。

所谓初期佛教，是指释迦在世时的佛教。据推测，释迦是公元前六世纪的人，活跃于与古希腊的苏格拉底、中国的孔子等大体相同的时代。

公元前六世纪前后，是人类历史的大转变时期。无论在东方，还是在西方，今日文化的基本方向，已经在这个时代初露端倪。即，苏格拉底的思想成为西方哲学和科学的源泉。孔子的思想变成儒教，对以后的中国文化起了决定性的支配作用。而释迦思想变成佛教，其影响远远超出印度和远东文化的范围，并且一直延续至今。

释迦在世时的佛教，与我们今天在日本所见的佛教，存在着较大的差别。就日本佛教而言，由于禅宗、念佛宗（净土宗、净土真宗等）、日莲宗、真言宗等，都是以情绪或直观为主，所以就缺乏合理性。一说佛教，往往一概被看成非合理的思想。尽管如此，作为奈良佛教传至今日的法相宗或华严宗的教理中，却包含了浓厚的逻辑因素。不过，在日本，由于这些教理不怎么普及，所以一提佛教是合理的思想体系，大部分人都会感到惊奇。

然而在初期佛教中，贯穿着比法相宗和华严宗更为简洁的合理精神。翻看阿含部诸经典，很容易明白这一点。若想再简便一些，只看其中的《法句经》也可以。这是用诗颂的形式表达初期佛教精髓的诗文选集。现拟根据这种文献来窥察其合理精神。

（二）三法印：无常、无我和涅槃

简单概括初期佛教的教理，首先就有所谓"三法印"之说。这就是如下的三原理：

第一，诸行无常。

第二，诸法无我。

第三，涅槃寂静。

第一所谓"诸行无常"，即一切事物（诸行）都是不断变化的，决不保持同一性。这是对日常的现象世界做一般化的思考。日月不断运行，其光乍生乍灭，草木鸟兽不断生长与衰亡，如此反复无穷，世代变迁。人类社会也同样是变化的。上述第一命题，就是把这些事实一般化，从而作为现象世界的原理。

这是现象世界的原理，同时也有不承认在现象背后存在着不变实体的意思。而把这一点更明确表达出来的是第二命题，即"诸法无我"的原理。诸法和诸行一样，都有"一切事物"的意思。无我之"我"，梵语叫 atman，巴利语叫 atta，由于被解释为"常一主宰"，所以是指经常保持同一性，依靠自身力量存在和起作用的东西。

"我"这个词，跟西方哲学中的"实体"（substantia）这一用语意思几乎一样。实体具有如斯宾诺莎所谓"在其自身中存在，靠其自身而被认识"的条件。因此，所谓"我"，就是实体。所谓"无我"，就是指"无实体"。作为第二个原理的"诸法无我"的意思，是指由于一切事物都是变动不居的，所以就不存在保持同一性的实体，也就不能承认在变化背后有不变化的实体。由于不存在实体，一切事物就不能"依靠其自身而存在"。因此，一切事物都是"依他"而存在的。这个"依他而存在"，叫作"相依性""缘起"或"因果"等等。这是无实体的积极意义。

这样一来，如果承认诸现象的变化流转，而试图承认某个地方存在着实体的同一性，就会与现实的经验相矛盾，欲望和现实相冲突，并且加剧不满而产生苦恼。因此，要想摆脱苦恼，首先就应该舍弃实体这种思维方式。而如果不承认实体，就不会产生寻找实体的固执；如果没有固执，也就不会产生苦恼。这种摆脱苦恼的状态叫作"涅槃"。这就是第三条原理"涅槃寂静"的意思。

这就是说，"如果达到摆脱苦恼的状态，就能求得心理安宁"。这是作为佛教理想的解脱的心境。而如果正确认识了第一和第二个原理，这种理想状态就必然会产生。这是由于，认识了第一和第二个原理，就不会产生寻找实体的固执。而如果没有固执，也就没有苦恼。所以，解脱通过认识真理而产生。不借助于这种理性的力量，就不能获得解脱。

（三）"四谛"和"八正道""三学"

这个教理通过"四谛"说进一步得到研讨。四谛和三法印是初期佛教基本原理的简略概括。所谓"谛"，是概念或教义的意思。所谓"四谛"，是下列四个基本概念：

第一：苦。第二：集。

第三：灭。第四：道。

而所谓第一的"苦"，是一种"人生充满苦恼"的现实认识。第二的"集"，是苦的原因，即指"在人生的苦恼中，有其相应的原因"。其原因正如三法印所说，是不知无常无我的真理，即无知。第三的"灭"，是指"若摆脱苦恼，就能求得心理安宁"，这相当于三法印的第三，说的是解脱的理想状态。而第四的"道"，是"摆脱苦恼的道路或方法"。其内容有八种，即所谓"八正道"。

八正道第一道叫"正见"，即"正确观察真理"。第二道叫"正思"，即关于解脱的目的及其手段的"正确思考"。可见八正道中最初两个道就是理性的。即对解脱来说，理性是不可或缺的条件。

八正道还用"三学"的形式加以简洁概括，即是"戒、定、慧"这三种方法。"戒"是遵守戒律，是实际生活上的方法。"定"是集中精神。"慧"是智慧。这是对八正道中"正见"和"正思"的综合。可见,三学也是理智方法的明确把握。

(四)人生苦恼的根本原因在于无知

初期佛教需要这种理性的活动,以作为解脱的必要手段。而缺少这种理性的活动,就不能获得解脱,不能摆脱苦恼。因此,苦恼的根本原因在于无知。明确解释这一点的是"十二因缘"说。这是说,现实苦恼的原因,按顺序有十二个阶段。这里只择其主要阶段加以说明。

首先,现实是充满"生、老、死"种种苦恼的生活。而苦恼的原因在于"爱"。"爱"又叫"渴爱"(爱好),即试图以不变的同一性的形式来维持对事物的欲望。这种欲望的根本原因在于"无明",即无知,在于对一切事物无常无我这一根本真理的无知。丢掉这种无知,产生知识,就能摆脱苦恼,达到安心立命的解脱状态。

这种"十二因缘"说,是最清楚表明佛教的唯理性或合理性的思想。而对其合理性的一个突出应用,是其对形而上学的批判。

(五)排除形而上学的各种问题

在初期佛教看来,世上有常见和断见两种独断。第一种独断,是认为在现象变化的背后有永远不变的实体,这叫常见。第二种独断,是认为一切事物迅即断灭,归于空无，这叫断见。

这两种观点乍看是相反的，然而在下述这点上是一致的，即毫无根据地断言看不见的现象背后的存在或不存在。不过，关于现象背后的事物的形而上学问题，由于本来就提不出有根据的答案，所以应该节制一切答辩，中止判断。在佛教中，把这种中止判断的态度，叫作"无记"。即认为关于形而上学的问题，除了用这种"无记"来回答，别无他法。这是把理性集中引向现象世界。理性只在有关现象的领域才能有效地发生作用，获得妥当的认识。超越现象即超越认识，也就不能获得妥当的认识。

凭借无记，排除常见和断见这两种形而上学，把理性专门引向现象世界的观点，叫作"中道"。佛教从初期佛教以来，就是行这种中道的。佛教的本来立场是，不合中道而陷于常见或断见，是不对的。这种立场同西方哲学中的康德批判哲学或最近的分析哲学的立场，有极其类似的一面。

二、西方哲学和初期佛教

（一）同康德的批判哲学的比较

先说与康德哲学的类似。康德在其三要著作《纯粹理性批判》中认为，理智（康德叫悟性）只对现象界起作用，关于超现象的、形而上学的问题，不能获得妥当的认识。他列举的超现象的形而上学问题，第一是人类灵魂的问题，第二是宇宙的问题，第三是神（绝对者）的问题。第一个问题是人类灵魂是否不灭的问题。第二个宇宙问题又分为三，其一是宇宙在时间、空间上是否有限的问题。第三个所谓神的问题，即支配世界的绝对者是否存在的问题。

康德从逻辑上证明对这三种问题给予一定解答是不可能的。由于在这些问题上的形而上学理论在逻辑上不成立，所以康德主张排除形而上学。

把康德的观点与初期佛教对形而上学的批判相比较，固然有精粗之不同，而主旨是非常相似的。如上所述，在初期佛教中，把形而上学的观点区别为常见和断见两种，并进而讨论了与康德提出的几乎同样的问题。如在《中阿含经》的《箭喻经》中，就讨论了如下问题：

第一，自我和世界从时间上说：

（1）是无限的。

（2）是有限的。

（3）是无限并且有限的。

（4）既不是无限也不是有限的。

第二，世界从空间上说：

（1）是无限的。

（2）是有限的。

第三，灵魂和肉体：

（1）是同一的。

（2）是相异的。

第四，如来（获得完全省悟者）在死后：

（1）是生存的。

（2）不是生存的。

这些问题，同康德提出的问题多少有些不同，这是由于时代和国度的不同而产生的不同兴趣导致的。不过，如第一和第二个问题，与康德的第一和第二个问题几乎一样，第四个如来的问题与康德的第三个神的问题也是类似的。不同的是，初期佛教对于第一个问题给出了四种答案，而康德只给出了：（1）是无限的，（2）是有限的，这两种答案，并且要求二者择一。《箭喻经》只对第一个问题给出了四种答案，而在其他文献中，有时对所有问题都给出了四种答案，这在逻辑上自然是更完全的。所以，在后代，用四句分别称呼这四种解答，即对一个问题有以下四种答案：（1）肯定；（2）否定；（3）既肯定又否定；（4）既不肯定又不否定。

总之，初期佛教尽管同康德提出的问题在形式上有某些差别，但它们在本质上几乎是同样的问题，而且初期佛教与康德一样，认为对于这些问题不能给予什么确定的回答。因此，初期佛教在批判形而上学的问题上，与康德的批判哲学在本质上是一致的。这在哲学上是一种批判主义。

（二）与康德的不同

初期佛教还有与康德思想未一致的另一面。康德在《纯粹理性批判》中，认为形而上学从理论上不能成立。而在《实践理性批判》中却断定，在其他的道德论上，在实行人类道德的问题上，由于形而上学（灵魂不灭和神的存在）具有有益的效果，所以是必要的。即从理论上排除形而上学，在实践上却又采用它。而在初期佛教中，无论从理论上，还是从实践上，都舍弃形而上学。《箭喻经》认为上述形而上学问题：

第一，不能永久地解决。

第二，即使能够解决，对于消除苦恼，也没有什么益处。

这里，第一，以理论上不可能解决为理由来排除形而上学，这与康德的《纯粹理性批判》的立场一致。而第二，以实践上无益为理由来排除形而上学，这与康德的《实践理性批判》的立场正相反。尽管难说哪个说法更妥当，但是很清楚，在批判和排除形而上学这点上，初期佛教是更为彻底的。

初期佛教认为，仅在现象界内部，通过从理智上合理地思考事物，就可以解除苦恼。从以解脱苦恼为目标这点上来说，这是宗教。而其方法，则是唯理论的，合理的。

不过，对其唯理论，也不能过于片面地看待。在这点上，与分析哲学，特别是后期的维特根斯坦学说加以比较，是有意义的。

（三）与分析哲学的比较

维特根斯坦的哲学也是一种批判哲学。而其方法的独特之处，在于分析日常语言的使用方法。认为对于形而上学的诸命题（如"灵魂是不灭的"）或形而上学的问题，由于是对日常语言的错误运用，所以是无意义的。要确定语言使用方法的标准，是困难的。不过，据他说，由于形而上学的命题是产生于日常语言的误用，所以只要正确地使用日常语言，就可以排除它。由于思维的混乱是产生于使用无意义的命题来思考脱离日常性的事项，所以消除这种无意义的命题，就能消除思维的混乱。维特根斯坦认为分析日常语言，确定正确使用日常语言的合理方法，就能治疗思维混乱。

如上所述，初期佛教解脱苦恼戒、定、慧三种方法并用。戒是正确规定生活规则，定是通过坐禅等统一精神、求得安静，而慧是合理的思考。就是说，只通过合理的思考，还不能求得解脱，与此同时，还应该加上实践的努力。在维特根斯坦的学说中缺少相当于这种戒和定的实践的要素，这是与初期佛教的明显的不同。

总之，初期佛教有合理性，但它是寻求解脱的宗教思想，而决不是科学。在这里有其合理性的界限，同时也有其补偿科学的一面。科学推行合理的认识，仅用此决不能消除苦恼。要消除苦恼，求得真正安心立命，需要对整个世界和人生的宽容和融合的态度。

这种宽容和融合可以通过对神的信仰而获得，也可以通过由极度绝望而产生的对一切都无所谓的心情而获得。然而这种态度同科学是不可调和的。与此相反，初期佛教在合理观点的限度内是不违反科学的，而且具有科学所缺少的对整个人生的态度（由于无常无我而对一切都不固执的态度）以及据此所规定的戒、定的实践方法。因此，初期佛教是在不违反科学合理性的前提下，来说明求得解脱的方法。

第二节　古因明的逻辑

一、对认识源泉的探讨

（一）由早期佛教到古因明

于早期佛教那里所看到的合理态度，在接踵而来的时代则表现为对于逻辑的反省和认识。而逻辑则是作为合理性的形式。它以佛教为中心而兴起，在佛教以外也逐渐盛行。在佛教内称之为"因明"，在佛教外称之为"正理"。为了与后世（公元五世纪时期）陈那所建立的称之为"新因明"的形式逻辑相区别，一般把它们总称为"古因明"。

现存最早的研究古因明形式逻辑的文献是《恰拉卡本集》。这是恰拉卡医生著述的内科医书，其中一部分是研究形式逻辑的。接着，在公元一世纪前后，出现了佛教著作《方便心论》。在大致同时代，于佛教外出现了《正理经》。这是以逻辑学为中心的正理学派的主要教典。

到公元三四世纪，佛教内部不断进行逻辑研究，因而也产生了许多论著，不过其大部分梵文原典已经散佚，现仅借其他语种的翻译才得以留存。在汉译《大藏经》（《大正新修大藏经》）中保留的有关古因明的主要论著有《瑜伽师地论》的第十五卷、《阿毗达摩杂集论》的第十六卷、《显扬圣教论》和《如实论》等。现拟汇总这些材料，来概观古因明的本质部分，并考察其意义。

（二）认识的现量

印度逻辑著作一般重视知识或认识源泉（称之为"量"）。因为通过什么样的认识能力可以得到解脱的问题，一直是印度思想关注的根本问题。而认识的源泉究竟是什么，对这个问题的回答因宗派或学派的不同而有很大区别。

"顺世派"的唯物论观点认为一切认识都由感觉（现

量）产生。因此顺世派是只承认现量的一量说。

佛教的大部分和胜论派把感觉（现量）和推理（比量）看作认识的源泉。这是现量和比量的二量说。

作为印度思想正统派的弥曼差派和数论派，在现量和比量之外，还把圣人的言论（"圣言量"或"声量"）也作为一量。这是三量说。

佛教中的一部分和正理派，在上述三种量之外，又举出第四种源泉，即根据某种大致类似而类推的"譬喻量"。这是四量说。

此外还有主张五量说和六量说等的学派，不过这些都无关宏旨了。但是无论如何，像这样追寻认识源泉的研究，都是由于重视认识或知性的结果。在日本思想忽视知性的场合，认识源泉的探讨等几乎是不被考虑的。对认识源泉的考察，不仅是唯理论的立场，同时也确实是一种批判的态度。由此可见，印度思想一般具有丰富的合理精神。

尽管如此，认识的源泉之一的现量（感觉）也具有超感觉的神秘体验的意义。在这种场合，认识中也混入了非合理的东西。而"圣言量"则把圣人的言论奉为完全的真理。因而在这里就表现出批判精神的缺乏，而把不合理的思想也作为权威的东西来接受。这可以说是由于印度思想一般以宗教的解脱为目的而带来的伴随现象。但这毕竟显示了其合理精神的界限。

（三）独立命题论的缺乏

上述几个认识源泉（量）中，具有纯逻辑意义的是比量（推理）。并且由于印度逻辑学的中心在于这个比量，所以可以说它是以推理论为主的形式逻辑。在印度逻辑学著作中，一般没有独立地讨论概念论和命题论，只不过作为比量（推理）的要素，而在比量论中附带地论述。因此印度逻辑学中就缺乏与亚里士多德的"判断论"相当的东西。这个缺点是由印度逻辑学的显著特征所决定的。由于命题形式是以认识的具体面貌出现，所以就没有独立地考察与推理相区别的命题本身，而这样认识的合理性也就不能充分确保。这也可以解释印度逻辑学没有以纯粹的形式提出矛盾律的原因。

所谓矛盾律的原理是说，"一个命题不能同时既是真的又是假的"，或者是说，"一个事项不能同时既肯定又否定"。按照矛盾律的规定，不把相反的东西混同，才能保持认识的统一性，认识条理的首尾一贯性，也才能保证思维的合理性。

由"一个命题不能同时被肯定和否定"这一公式可知，矛盾律正是以命题的形式来表达的。因而缺乏独立命题论的印度逻辑学，就不能把矛盾律以它本身应该具有的形式抽象出来。当然，印度在很早的时候，就对矛盾律有所认识，不过是作为判别正误的标准，而在推理论（比量论）和谬误论中使用着。

例如《方便心论》的谬误论[①]之一是由"相违"引起的谬误。相违即矛盾。由相违引起的谬误，就是推理的大前提或结论跟事实矛盾。在《正理经》的谬误论中也列举了"相违因"的谬误。这是指具有"同自身所采用主张相矛盾的理由"的推理。[②]

这样，对于推理中表现出来的矛盾，就能敏感地予以察知和排除。尽管如此，没有把矛盾律作为规律加以确立这一点，仍然是印度逻辑学的一大弱点。而其另一缺点是，在其最初的根源中没有把与推理相区别的命题单独地加以论述。但是为什么没有把命题单独地加以考察呢？

印度思想一般以宗教的解脱为目的，其解脱的状态是直接的体验，而不能用命题的形式来表现。因此不把命题作为最终的东西，只不过是为尽量有助于实现解脱目的提供方便。而如果停留在命题的阶段，分别考察事物，信之为真理，这就会反过来妨碍解脱。因而在佛教中，凭借命题的认识被名之曰恶分别或妄分别而加以排

---

① 参见《明造论品第一》。
② 参见《正理经》一、二、六。

斥。在佛教以外的学派也是这样。总之，对命题的单独考察似乎被视为是没有价值的。这样，就产生了轻视命题而只重视推理的不正常的逻辑学，而对矛盾律也就不能用命题的形式来加以表达，并且最终也没有把矛盾律作为规律抽象出来。

二、概念及其包含关系

（一）推理（比量）的结构

印度逻辑学是推理的逻辑学。所以概念也跟命题一样，只是作为推理的要素来加以考察的，并没有单独作为主题来讨论。因此就缺乏与亚里士多德的《范畴论》相当的东西。这也是印度逻辑学不及亚里士多德逻辑学的地方。

亚里士多德研究了概念的属种关系以及根据概念属种关系来对概念做出定义，并首次明确地概括为一定的格式。这即使在现代，也仍被采用为像生物学或矿物学这样的描述科学的基本方法。尤其是概念的定义，不仅对于描述科学是必要的，就是作为一切合理思维的基础，都是不可或缺的。这一点在亚里士多德以前的苏格拉底就已经指出了，而在古代中国荀子也明确论述了。在这点上，印度逻辑学比中国逻辑学稍逊一筹。由于对概念没有独立地进行考察，所以对概念的定义也没有进行充分的研究。

但是为了研究推理，对于推理要素的概念，当然也应该在必要的限度内加以考察。关于推理（比量），后面要详细叙述。简言之，推理就是由判断引出判断的操作。例如：

（a）语声是非永恒的。

（b）因为语声是制造出来的东西。

（c）一切制造出来的东西都是非永恒的。

这种形式的操作就是推理。其中（a）是结论，是论者的主张。（b）是其主张的理由，是引出结论的小前提。（c）是理由的根据，是引出结论的大前提。如果用我们熟悉的亚里士多德逻辑学的形式来加以改写，那么它就成为以下的推理：

（c）大前提　一切制造出来的东西都是非永恒的。

（b）小前提　语声是制造出来的东西。

（a）结　论　语声是非永恒的。

这个推理由三个命题或判断构成，而每个命题或判断分别由主项、谓项和联结词构成。如结论"语声是非永恒的"这个命题，是由主项"语声"、谓项"非永恒的"和联结词"是"构成的。

（二）集合和子集

但是，"语声是非永恒的"与例如"这是花"这样的命题具有某种不同的结构。在"这是花"这个命题中，主项"这"指个别事物，谓项"花"指个别事物的集合。因此联结主谓项的联结词"是"就表示个别事物属于集合。

用现代逻辑学的符号来改写"这是花"的命题，"是"这个联结词用符号∈代表，就成为：

$$这 \in 花 \qquad (1)$$

"这"用 a 来表示，就成为：

$$a \in 花 \qquad (2)$$

与此相对应，"语声是非永恒的"这个命题的主项"语声"不是个别事物，而是总括许多个别语声的集合。"非永恒的"这个谓项也不是个别事物，而是指许多个别的非永恒的东西的集合。总之在这个命题中，无论主项、谓项都是指谓集合的语词，所以联结二者的联结词，就是表示一个集合成为另一个集合的子集的意思。这样，与表示个别事物属于集合的符号∈不同，用符号来表达这个意思就有必要了。一般是用符号⊂来表达这一点。于是，"语声是非永恒的东西"就用下列形式来表达：

$$语声 \subset 非永恒的东西 \qquad (3)$$

在本书中，权且把用∈表达的命题，即像"这是花"这样的命题叫作"个别事物命题"或简称"命题"，而其联结词就叫作"个别事物联结词"或者"属于符号"。与此相应，用⊂表达的命题，如"语声是非永恒的东西"这样的命题，就称为"集合的命题"或"判断"。这里，

"语声"叫作主项（跟表示个别事物的主项如"这"等有区别），"非永恒的东西"叫作谓项，而其联结词就称为"集合联结词"或"包含符号"。

进而考察这两种命题的关系，所谓集合的命题（判断）的主项和谓项，实际上是由许多个别事物的命题构成的。如"语声是非永恒的东西"这个判断，就是"属于语声的东西都是非永恒的东西"。换言之，即"对所有的事物而言，如果它是语声，那么它就是非永恒的东西"。

如果用现代逻辑学的方式来表达，"对所有的事物而言"用全称符号（∀x）代表，"如果……那么"用箭形符号→代表。因此，"对所有的事物而言，如果它是语声，那么它就是非永恒的东西"这个命题就用下列形式来表达：

（∀x）〔（x∈语声）→（x∈非永恒的东西）〕　　（4）

由此可见，判断（集合的命题）已经把个别事物命题作为要素命题包含于其中了。并且"语声是非永恒的东西"这个判断（集合的命题），无论是用（3）式或（4）式表达都可以，所以（3）式和（4）式可以说是等值式。或者可以说，（3）式可以用（4）式来定义，而"定义"如果用=df来代表，则下列关系式成立：

〔语声 ⊂ 非永恒的东西〕=df(∀x)〔(x ∈语声)→
　　(x ∈非永恒的东西)〕　　　　　　　　　　（5）

根据这种分析，前述推理可以改写如下：

(c) 大前提 $(\forall x)((x \in 制造出来的东西) \to (x \in 非永恒的))$
(b) 小前提 $(\forall x)((x \in 语声) \to (x \in 制造出来的东西))$ (6)
(a) 结　论 $(\forall x)((x \in 语声) \to (x \in 非永恒的))$

同理，下式成立：

(c) 大前提　制造出来的东西 $\subset$ 非永恒的
(b) 小前提　语声 $\subset$ 制造出来的东西   (7)
(a) 结　论　语声 $\subset$ 非永恒的

如果做出更为一般化的表达，结论的主项（"语声"）用 S 代表，其谓项（"非永恒的"）用 P 代表，两个前提中共同的概念（"制造出来的东西"）用 M 代表，则下式成立：

(c) 大前提　$M \subset P$　　M 是 P
(b) 小前提　$S \subset M$　　S 是 M   (8)
(a) 结　论　$S \subset P$　　S 是 P

这样单纯从形式上就可以看到，要证明"S 是 P"的结论，只要断定集合 M 包含集合 S（小前提），并且集合 P 包含集合 M（大前提），就可以了。即 S 包含于 M，并且 M 包含于 P，所以 S 包含于 P，如图 1 所示：

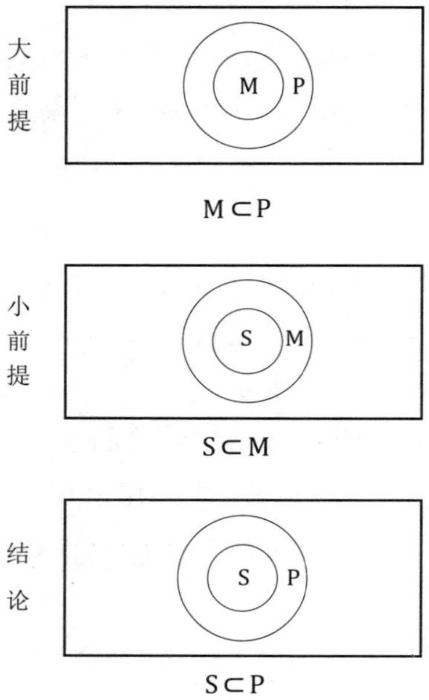
大前提
M
P
M⊂P
小前提
S
M
S⊂M
结论
S
P
S⊂P

图 1　因明推理概念关系

（三）两种包含关系

如上所述，印度逻辑学中概念问题被视为推理中的概念包含关系。这个包含关系叫作“遍通”或“遍充”。它分为两种。

第一种，是某概念（或其指示的集合）B 为另一概念（或其指示的集合）A 所包含，成为 A 的部分，即：

$$B \subset A \quad (9)$$

或者如下式：

$$(\forall x)[(x \in B) \to (x \in A)] \quad (10)$$

第二种 是B和A有相同范围。这种关系用等号（=）表示：

$$B = A \quad (11)$$

这叫作"B等于A"。这种关系即所谓"B是A的子集，并且A是B的子集"。联结词"并且"若用点符号"·"表示，那么这种关系可定义为：

$$(B = A) = df(B \subset A) \cdot (A \subset B) \quad (12)$$

遍充就是考虑这样两种关系。而如果把这两种关系加以归总，那么所谓遍充，就是B包含于A，或者B等于A。将（9）式和（11）式合并，即：

$$B \subseteq A \quad (13)$$

而把联结词"或者"用符号∨表示，即：

$$(B \subseteq A) = df(B \subset A) \vee (B = A) \quad (14)$$

这个公式就是遍充的定义。这相当于西方逻辑学所谓的周延，就上述公式来说，就是"B对于A周延"。

（四）作为推理条件的包含关系

在遍充关系中，被包含者B叫作"被遍充者"或"所遍"，包含者A叫作"遍充者"或"能遍"。用亚里士多德概念论的话说，"能遍"是属概念，"所遍"是种概念。

因此遍充相当于属种关系，但在印度逻辑学中这只是在作为推理（比量）条件的范围内来考察的。所以属和种的概念没有被抽象出来。

作为推理（比量）的条件来考察的遍充关系是怎样的呢？在大前提主项 M 为谓项 P 所遍充的场合，即下列的条件：

$$M \subseteq P \quad (15)$$

这个条件之所以必要，其理由从图 1 中也可以看到。为了证明"S 是 P"，首先 S 为 M 所包含（小前提）是必要的，其次 M 为 P 所包含（大前提）是必要的。这第二个条件就是遍充。用亚里士多德理论的语言说，这就是"中概念 M 应该周延"的条件。M 之所以叫中概念，是由于它是处在 S 和 P 的中间，并且是作为两者的中介。

这样，遍充具体说就是意味着 M 和 P 的包含关系，而其本质，是意味着依据概念的包含关系来进行推理的思维方法。包含关系是集合的关系，其集合即为概念所指示的集合。于是为概念所指示的集合，在西方逻辑学中叫作其概念的外延。因此所谓遍充就是概念外延的包含关系，而这正是推理的本质。所谓推理，是为概念外延包含关系所决定的思维方法。遍充的思想表明了这个本质。

三、五支作法推理

（一）《恰拉卡本集》的五支作法

根据遍充说可以阐明推理（比量）的本质，而推理的形式应该另行考察。古因明采用"五支作法"的形式，由宗、因、喻、合、结五个判断构成。

（a）宗。这是论者的主张，相当于亚里士多德推理论中的结论。宗是由主项 S 和谓项 P 构成的判断。用现代式样加以改写，即 S⊆P，主项 S 叫有法，谓项 P 叫法。有法相当于亚里士多德的小概念，法相当于大概念。

（b）所谓因是表明宗（主张）的理由的判断，相当于亚里士多德的小前提。因由主项 S 和谓项 M 构成，即：S⊆M，这里谓项 M 是中概念，它有时也被称为因。所以汉译的"因"这个术语，有时意味着小前提，有时意味着中概念，其意义因使用的场合不同而不同。不过，中概念 M 也叫作"相"。如果做出这种区别，小前提和中概念就不会混同。

（c）喻是实例（见边），即表示作为主张的理由的"因"的实例。在亚里士多德的推理中，没有与此相当的东西。在这里表现了印度逻辑学的特征。若要勉强同亚里士多德对应的话，喻是与大前提近似的东西，大前提采用如下形式：M⊆P。而喻未必具有这种形式。在最古的文

· 33 ·

献《恰拉卡本集》中，有如下推理[①]：

宗　灵魂是永恒存在的。

因　因为（灵魂）是非制造出来的。

喻　例如虚空。

把喻这个判断说完整，即："例如由于虚空是非制造出来的，所以虚空是永恒存在的。"用符号来表达，即：

（虚空 ⊂ 非制造出来的）→（虚空 ⊂ 永恒存在的）

把"虚空"用 T 表示，"非制造出来的"用 M 表示，"永恒存在的"用 P 表示，即：

（T⊂M）→（T⊂P）

由此可见《恰拉卡本集》的喻同亚里士多德三段论法的大前提具有不同的结构。亚里士多德的大前提是表示 M 为 P 所包含的判断，而喻是表示为 M 所包含的一个实例 T 也为 P 所包含的判断。

（d）所谓合，在《恰拉卡本集》中，是结合喻和因的判断，如说：

宗　灵魂是永恒存在的。

因　因为（灵魂）是非制造出来的。

喻　例如虚空。

合　如非制造出来的虚空，灵魂也是这样。

合是用来联结因的主项"灵魂"、谓项"非制造出来的"

[①] 参见宇井伯寿：《印度哲学研究·第二》，第432页。

和喻的"虚空"的。因此其意义是："由于虚空是非制造出来的，所以虚空是永恒的。像它那样，由于灵魂是非制造出来的，所以灵魂也是永恒的。""像它那样"这种联结词也可以看作与"如果……那么"一样，所以合可以用下列公式表达：

$$[(T \subset M) \rightarrow (T \subset P)] \rightarrow [(S \subset M) \rightarrow (S \subset P)]$$

这是在亚里士多德的三段论法中全然看不到的判断。

（e）所谓结是结论，即开头的宗（主张）的重复断定。

（二）由假言三段论法构成的类比推理

五支作法是上述五个判断构成的推理。其中最初的宗和最后的结是同一判断的重复。所以可以省略其中之一。这样，五支作法实质上是四支作法。经过整理，可以把《恰拉卡本集》的推理式加以改写。首先，由：

(d) 合（大前提）$[(T \subset M) \rightarrow (T \subset P)] \rightarrow [(S \subset M) \rightarrow (S \subset P)]$

(c) 喻（小前提）$(T \subset M) \rightarrow (T \subset P)$

可得结论：

(f) $(S \subset M) \rightarrow (S \subset P)$

这个推理的根据是如下形式的假言三段论法：

大前提　$P \rightarrow q$
小前提　P
结　论　∴ q

其次，把结论（f）作为大前提，把因作为小前提，可以进行如下第二个推理。即：

（f）（大前提）（S⊂M）→（S⊂P）

（b）因（小前提） S⊂M

由这两个前提，依据上述同样的假言三段论法，可得：

宗（=结）S⊂P

由此可知五支作法是正确的推理。不过它是由复合的假言三段论法构成的推理，而与亚里士多德的三段论法有别。这是由"虚空"这一特殊实例类比推出"神我"（灵魂）这一特殊概念的性质的类比推理。因此，印度逻辑学最古的推理式，不是直言三段论法，而是类比推理。

（三）《正理经》的五支作法

把《正理经》和《恰拉卡本集》的五支作法加以比较，其中宗、因、结有相同的结构，而喻和合不同。据筏差耶那的疏，即：

（a）宗 语声是非永恒的。

（b）因 因为（语声）是制造出来的东西。

（c）喻 如瓶。

把喻加以补充，即"如由于瓶是制造出来的东西，所以瓶是非永恒的"。若"语声"用 S，"非永恒的东西"用 P，"制造出来的东西"用 M，"瓶"用 T 表示，就成为：

（a）宗 S⊂P

（b）因　S⊂M

（c）喻　(T⊂M) → (T⊂P)

在喻之后又附加了"异喻"。这就是："由于与大概念 P 相矛盾，所以就与中概念 M 相矛盾。"①据疏，即：

（d）异喻　永恒的是非制造出来的东西，如灵魂。

同样根据疏，这"如灵魂"的实例的意思，就是："如，由于灵魂不是制造出来的东西，所以不是非永恒的。"可以将它做如下的符号化。

首先，某概念 A 的否定用 $\overline{A}$ 表示，"灵魂"用 R 表示，"永恒的"是"非永恒的"P 的否定，所以用 $\overline{P}$ 表示，"非制造出来的东西"是"制造出来的东西"M 的否定，所以用 $\overline{M}$ 表示。于是即：

（d）异喻（$\overline{P} \subset \overline{M}$）·〔(R⊂$\overline{M}$) → (R⊂$\overline{P}$)〕

其次，所谓合，被解释为："据喻而重申，例如小概念 S 是中概念 M。"②所以，除去"例如"的字眼，则合就是因的重复：

（e）合（＝因）S⊂M

这个合，同《恰拉卡本集》的合有明显不同。这个不同决定了二者推理结构的不同。

---

① 《正理经》1·1·37。
② 《正理经》1·1·38。

最后，由于结是宗的重复，所以：

（f）结（=宗）S⊂P

在这五种或六种判断中，除去重复，可整理为：

（c）喻（T⊂M）→（T⊂P）

（d）异喻（$\overline{P}$⊂$\overline{M}$）·〔（R⊂$\overline{M}$）→（R⊂$\overline{P}$）〕

（b）因（=合）S⊂M

（a）宗（=结）S⊂P

这里包含两个个别的推理。一个是由（c）喻和（b）因到（a）宗的推理，另一个是由（d）异喻和（b）因到（a）宗的推理。

（四）由喻和因到宗的推理

先看（c）·（b）→（a）的推理，即：

（a）喻（大前提）（T⊂M）→（T⊂P）

（b）因（小前提） S⊂M

（c）宗（结　论） S⊂P

而这作为推理式，是不完整的，结论得不出。要使它成为有效的推理式，合就应该同《恰拉卡本集》的合一样，具有如下形式：

〔（T⊂M）→（T⊂P）〕→〔（S⊂M）→（S⊂P）〕

并把它作为第一个大前提。这样就成为与《恰拉卡本集》完全一样的类比推理形式。然而由于《正理经》的合不过是因的重复，就不能这样解释。按《正理经》本身的文句来解释，要把（c）喻设定为大前提，就应该解释为："如瓶是制造出来的东西，而制造出来的东西是非永恒的。"照这种解释，即：

  （c'）喻（大前提）　（T⊂M）·（M⊂P）

再加之以（b）因，即：

  （b）因（小前提）　S⊂M

由此可导出（a）宗：

   M⊂P
   S⊂M
  ∴ S⊂P

而这就成为亚里士多德的直言三段论法第一格第一式。因此可以说，《正理经》的推理，在某种程度上以不明显的形式包含了亚里士多德的直言三段论法。然而喻的特征在于以"如瓶"这样的实例作为大前提。因此，（c'）式的（T⊂M）这一部分，在纯逻辑的意义上是不必要的，但对于《正理经》来说，却具有重要意义，即它具有类比推理的意义。这个类比推理由"瓶"这个特殊的实例以推出"语声"这个特殊事物的性质。作为类比推理，像《恰拉卡本集》的推理式那样是有效的，而作为直言三段论法，像后代新因明的推理式那样明显的形式，则还不具备。即《正理经》的五支作法的推理式，可以说是兼有类比推理和直言三段论这两种性质的不明显形式的过渡性形态。

(五)由异喻和因到宗的推理

再看（d）异喻·（b）因→（a）宗的推理。这个异喻由两个要素构成。把其前半部分的要素（$\overline{P} \subset \overline{M}$）作为大前提，加之以（b）因，可导出（a）宗。这就是如下形式的推理式：

$$\frac{(\overline{P} \subset \overline{M})}{S \subset M}$$
$$\therefore S \subset P$$

这属于亚里士多德直言三段论法中的第二格。

把异喻的后半部分的要素：（$R \subset \overline{M}$）→（$R \subset \overline{P}$）同前半部分要素（$\overline{P} \subset \overline{M}$）相比较，包含了肯定后件的谬误，所以这个推理式就不是有效的。或者如有的解释只把这个后半部分的要素看作异喻，即：

(d′) 异喻（$R \subset \overline{M}$）→（$R \subset \overline{P}$）

再加之以（b）因而导出（a）宗。这时，在（d′）的背后，可以理解为有以下关系成立：

(d″) $\overline{M} \subset \overline{P}$

把这作为大前提，加上如下小前提：(b) $S \subset M$，而导出（a）宗。这时可以分析为以下两重推理：

$$(d'') \quad \left.\frac{\overline{M} \subset \overline{P}}{\therefore M \subset P}\right\}(\mathrm{I})$$

$$\left.\begin{array}{r}(b)\quad \dfrac{M \subset P}{S \subset M}\\ (a)\quad \therefore S \subset P\end{array}\right\}(\text{II})$$

这里推理（Ⅰ）陷入了否定前件的谬误。不过，根据宫坂宥胜氏的说法，由胜论派和正理派的观点来看，"永恒的"和"非制造出来的"是相等的①，所以可以把作为大前提的异喻看作：

（d‴）$\overline{M} = \overline{P}$

如此看来，就不会产生上述否定前件的谬误，（a）宗就可以正确导出。

总之，由于对异喻可以做出种种解释，可见《正理经》的逻辑还没有充分的公式化。而这只有在陈那以后的新因明才臻于严密。

四、谬误论

（一）新衣的诡辩

古因明的诸文献，都有相当于谬误论的篇章。例如《如实论》，虽然现在只剩下汉译的最后的部分，但无论如何，现存的《如实论》由始到终都是关于谬误的研究。这是极端的例子。而其他文献对于谬误也给予了异常的注意。这是由于印度逻辑学在诸学派间的论争中，需要做到

---

① 参见宫坂氏：《尼耶也·巴秀也的逻辑学》，第 54 页。

敏锐地抓住论敌谬误的缘故。在这里也清楚地显示了印度思想的合理性。

谬误论的内容是复杂而丰富的。在这里只挑选其谬误论中若干显著的问题加以论述。

在《方便心论》的《明造论品第一》中，有所谓"随言难"名目的诡辩。即：

如言新衣，即便难曰：衣非是时，云何名新！[①]

意思是，说"新衣"时，"新"的概念是包含在"时间"概念中的，而"衣"的概念不是包含在"时间"概念中的。所以说不能构成"新衣"或者"新（的）并且（是）衣"的复合概念。对此加以正确分析，即：

（a）所谓"新是时"，是"新⊂时"的包含关系。

（b）所谓"衣不是时"，如果在"时"上加上横线来表示"不是时"（非时），就成为"衣⊂$\overline{时}$"。

（c）"新衣"或"新（的）并且（是）衣"的复合概念，可以说是概念（或集合）的积，用"新·衣"的符号来表示。

《方便心论》所列举的诡辩，就是由（a）和（b）不

---

① 参见《大正新修大藏经》第32卷，第23页。——译者

能导出（c）的推理。因为：

$$(b)\quad \frac{衣 \subset \overline{时}}{\therefore 时 \subset \overline{衣}} \Bigg\} (Ⅰ)$$

$$\downarrow$$

$$(a)\quad \frac{\begin{matrix}时 \subset \overline{衣}\\ 新 \subset 时\end{matrix}}{\therefore 新 \subset \overline{衣}} \Bigg\} (Ⅱ)$$

$$\downarrow$$

$$(c)\quad \frac{新 \subset \overline{衣}}{\therefore \overline{(新 \cdot 衣)}} \Bigg\} (Ⅲ)$$

通过这三个阶段的推理，否定了由（a）和（b）导出（c），即"新衣"的复合概念。在这三个阶段中，（Ⅰ）是对偶推理，（Ⅱ）是直言三段论法第一格第一式，（Ⅲ）是把包含关系变形为积的关系推理，用现代逻辑学可以证明其妥当性。因此，由于这三个阶段的推理都是正确的，所以"新衣"这个复合概念就不能成立。然而，说"新衣"的概念不成立，这是可笑的。不过，由于推理没有错误，于是前提就应该有错误。即：（b）衣 $\subset \overline{时}$ 这个前提，所谓"由于衣是物所以不为时的概念所包含"，是错误的。衣诚然是物，但是却也为时的概念所包含。因此，（b）式是不成立的，随之上述三个阶段的推理也是不成立的，故而否定（c）的结论，即"新衣"的概念这一个结论，也是不成立的。于是上述的推理，就成了错误的诡辩。

（二）到·不到之说

同样，《方便心论》的《明负处品第二》还提出如下诡辩：

> 小概念（结论的主项）S 和中概念 M 要么是相同的，要么是相异的。如果 S 和 M 是相同的，则 M 不能作为证明"S 是 P"的理由（因）。如果 S 和 M 是相异的，则 M 也不能作为证明"S 是 P"的理由。总之，M 无论如何都不能作为证明结论"S 是 P"的理由。①

（a）在（S=M）的场合，把 M 用来作为证明（S⊂P）的理由，即是说：

$$\left.\begin{array}{l} M \subset P \\ S = M \\ \therefore S \subset P \end{array}\right\} \quad (1)$$

这不能成为有效的证明。因为，如果 M 和 S 是相同的，则由于大前提（M⊂P）跟结论（S⊂P）没有什么不同，所以是应该加以证明的东西，不能用作前提。如果把它用作

---

① 《大正藏》第 32 卷，第 26 页。

前提，那就会由于把应该加以证明的东西作为前提而陷于循环论证的谬误。并且如果把它用作前提，那同时也就丧失了把它作为结论来加以证明的必要。总之，（1）的证明是无意义的。

（b）在（$S=\overline{M}$）的场合，即：

$$\left.\begin{array}{l} M\subset P \\ S=\overline{M} \\ \hline \therefore S\subset P \end{array}\right\} \quad (2)$$

而这个推理，在形式上是无效的。

（c）所以无论在（a）的场合也好，在（b）的场合也好，中概念 M 都不具有证明结论的效力。而 S 和 M 的关系，除了（a）或（b）中的一个而无其他，所以 M 就总是不具有证明能力。即如下推理成立：

$$\begin{array}{l} [(S=M)\rightarrow \text{不可能证明}]\cdot[(S=\overline{M})\rightarrow \text{不可能证明}] \\ (S=M)\vee(S=\overline{M}) \\ \hline \therefore \text{不可能证明} \end{array}$$

这个“到 · 不到之说”，在西方逻辑学中叫作二难推理（两刀论法）。不过在这里是包含某种错误的诡辩，即“M 和 S 要么是相同的，要么是相异的”这一相反的选择关系是建立在错误基础上的。在 S 为 M 所包含的场合，即在（d）S⊂M 的场合，就是作为（a）（b）之外的第三个场合。而把它作为小前提，来寻求结论，就是能够证明的。无视这第三个选言支,而断言:(S＝M)∨(S＝$\overline{M}$),这就是导致诡辩的原因。

这个"到·不到之说",在《正理经》中名之曰"到相似·不到相似",在《如实论》中称为"至·不至难",在新因明的《因明正理门论》中叫作"至·非至相似"。"相似""难":谬误推论,诡辩。

第三节　新因明的逻辑

一、对认识源泉的探讨

(一)印度逻辑学的顶点

印度逻辑学的顶点,是陈那所完成的新因明。陈那(约400—480年)出生于南印度案达罗地区,信奉唯识派的佛教。其主要功绩在于逻辑学的研究。他的梵文著作原典大部分已经散佚,现仅有汉译和藏译存世。其主要著作《集量论》,只残存藏译。《因明正理门论》是其学说的概要,这本书现在只存汉译。据宇井博士的说法,陈那的学说可以从《正理门论》窥知。他的弟子天主的《因明入正理论》是他的学说的整理和阐述。这本书梵文原典和汉译均存,是《正理门论》的补充。

陈那的逻辑学一般称为新因明,与过去的古因明不同,可以说有三个特征。第一是因三相说,第二是九句因说，第三是三支作法推理。不过这三点并非都是陈那的独创。因三相说在他的前人无著的《顺中论》中已有论述，而三支作法在古因明时代，已经可以看到由五支作法逐步向其过渡的趋势。然而不管是因三相也好，三支作法也好，明确地规定其形式，弄清这些原理的意义，并以此为基础把逻辑体系整理完成，毕竟是陈那的功绩。不仅如此，九句因说倒完全是他独创的新说，因此可以看作是新因明的最大特征。

（二）现量和比量

与古因明一样，陈那的逻辑学也详细讨论了认识的源泉（量）。从西方思想来说，这大约相当于认识论。不过，印度逻辑学对于认识源泉（量）的研究，表示了特别强烈的关心。其理由在于，印度逻辑学的目的是解脱，所以求得解脱的认识是怎样的，就成为重大的问题。

陈那的观点也是如此，在古因明部分已经说过，倡导二量说的学派自古就有，尤其是佛教的大部分都采用二量说。陈那量论的特征，就是非常严密地解说二量论。

陈那只承认现量和比量这两种认识的源泉。他不承认譬喻量和圣言量（声量）是独立的认识源泉[①]。

现量就是直接的知觉，未必只限于感觉。省悟的体验

---

① 参见《正理门论》。

等也是现量的一种。这样,现量就有各式各样的种类,关于现量的共同特性,陈那说:

现量除分别。①

又说:

〔现量〕唯内证,离言。②

即现量是直接的知觉,是概念规定以前的东西。这就是"除分别"的意思。"唯内证"意思是唯直接体验。"离言"是指,由于是直接体验,也就是用语言表达来进行概念规定以前的东西。这相当于《大乘起信论》把真理(真如)分为依言真如和离言真如两种。依言真如是依靠言语表达进行概念规定的真理。离言真如是这种概念规定以前的直接体验,即现量。

陈那指出现量有"除分别"和"离言"这两个明显的特征。这具有重要意义。因为现量(直接知觉、直接体验)既然是离开概念规定的东西,它也就是逻辑之外的东西,因而就是非合理的东西(但不是缺乏合理性的不合理

---

① 参见《正理门论》。
② 参见《正理门论》。

性）。而由于没有直接的现量，就没有什么认识，所以认识就应该是在非合理的基础上建立的合理的分别。如果没有非合理性，就没有合理性。

（三）四种现量

《正理门论》列举了四种现量。第一是五识身，第二是五具意识，第三是自证分，第四是修定者的现量。

第一种五识身，是对应于眼耳鼻舌身五种感官的五感。第二种五具意识，是五感共同生起，是五感的统一，佛教用语叫"意识"，相当于西方哲学中的统觉。第三种自证分，是怒、苦等一切感情和自意识（末那识）。这不是对于外部事物的知觉，而由于是关于从自我反省而来的自己本身的知觉，故名为自证分。

总之，这三种知觉，是关于外界的诸感觉和其统一意识以及作为自我反省的自我意识。用这三种现量来得到现实世界的映像。因此，可以把这三种总括起来，叫作现实的知觉。而这种现实的知觉中，当然包含着怒、苦等烦恼。

然而，所谓解脱，是消除这些烦恼的心境。因此，解脱时的知觉，就跟普通现实的知觉不同。因此，陈那把第四种现量，叫作修定者的现量。这是通过修行而得到解脱的人的直接体验，是消灭一切烦恼的知觉。这样，作为认识的最终的解脱状态也是现量，因此是"除分别""离言"的状态，是非合理性。

认识是由现实的知觉出发而达到于解脱。作为出发点的现实的知觉和作为到达点的解脱，都是现量（直接知觉），是非合理性。认识由非合理性出发，而达于非合理性，其过程就构成合理的思考。陈那把它叫作比量（推理）。作为现实的知觉的现量（感觉、统觉、自我意识），是这种比量以前的东西，所以也可以叫作前合理性的非合理性。而作为解脱体验的现量，是比量以后的东西，所以也可以叫作超合理性的非合理性。因此，认识是追寻前合理性（现量）→合理性（比量）→超合理性（解脱的现量）的过程。

这就是陈那的现量说。它是正确把握认识的合理性和非合理性、功能和界限的学说。

（四）认识的对象：自相和共相

作为认识的源泉，陈那列举了现量和比量两种。这不仅是继承传统，而且是建立在明确的理论根据上的主张。

在陈那看来，认识的对象可区别为自相和共相。自相是个别性，共相是共同性、一般性。现量是对自相（个别性）的认识，比量是对共相（一般性）的认识。因此，在现量和比量之外，不存在认识的源泉。圣言量（圣者的说教）和譬喻量等，不能看作基本的认识源泉。这就必然构成二量说。陈那的这种观点是正确的。即使是到了现时代，我们要对它加以反驳，也几乎是不可能的。

（五）两种推理：自比量和他比量

作为与现量相并列的第二种认识源泉的比量，是推理。陈那把推理又分为自比量（为自比量）和他比量（为他比量）两种。

自比量是论者自身为了获得正确认识的推理。他比量是为了使论敌获得正确认识的推理。自比量可以说是自己心中的推理。他比量是把推理用言词表达出来以便让他人了解的推理。

根据这种区别，看起来好像是只有他比量用言词表达，而自比量不用言词表达。其实不然。所谓"离言"是现量。比量是以言词为媒介而建立的认识。在这点上，自比量和他比量没有区别。因此，两者的区别，并不是一方使用语言，另一方不使用语言。其不同是，自比量可以说是使用内部的语言（观念的语言），他比量是使用外部的语言（声音和文字等）。

认识这个区别，重要的是考虑思维和表达的区别。单纯的思维可以是不发出声音的，只在心中组合言词来进行思考。而把思考传达给他人的表达，就需要声音和文字的媒介。陈那的他比量，是这种被表达出来的比量（推理）。

自比量和他比量的区别，是思维和表达的区别，至少是包含着这种思想的萌芽。而从纯粹形式逻辑学的立场来看，由于思维和表达应该服从同样的推理形式，所以对自比量和他比量没有必要特别地区别开来。如北川秀则氏所说，二者可以看作"是同种的比量"①。

陈那只把现量和比量这两种作为认识源泉，而不把分别（判断作用）看作认识源泉。陈那的观点是如此。如上所述，古因明的观点也是如此。这是整个印度逻辑学的共同特征。即使像陈那这样的杰出的逻辑学家，也不能完全摆脱时代的制约。

二、三支作法推理

（一）演绎推理形式的完成

陈那逻辑学的特征之一，是把推理形式归纳成三支作法的形式。古因明的通例是使用五支作法，而陈那开创了三支作法。不过，在陈那以前的古因明的五支作法中，已经逐渐显示出向三支作法转变的趋势。

在古因明的部分已经说过，《恰拉卡本集》的五支作法，在逻辑上是四支作法，其本质是类比推理。因此，作为演绎推理的三支作法还没有产生。《正理经》的五支作法，虽然从本质上可构成三支作法，不过还保留着类比推理的性质，还没有构成完整的纯粹的演绎推理形式。与《正理经》同时代，或者稍早时代的文献《方便心论》，

---

① 北川氏:《印度古典逻辑学》，第13页。

没有把五支作法作为主题来进行讨论，不过其作为实例举出的五支作法，已经构成演绎推理的形式，把它加以整理，跟陈那的三支作法是一样的。

这样，陈那以前由五支作法向三支作法的准备，已经在逐渐进行了。陈那继承了前人的思想，完成了作为完整演绎推理形式的三支作法。三支作法的完整形式如下：

1. 宗　语声是非永恒的。
2. 因　因为（语声）是制造出来的东西。
3. 喻

  3.1　同喻

    3.1.1　喻体　一切制造出来的东西都是非永恒的。

    3.1.2　喻依　例如瓶。

  3.2　异喻

    3.2.1　喻体　一切永恒的都是非制造出来的。

    3.2.2　喻依　例如虚空。

毫无疑义，这是完整的演绎推理形式。以同喻为根据的推理形式，即从3.1和2到1，相当于亚里士多德的直言三段论法的第一格第一式。以异喻为根据的推理形式，即从3.2和2到1，这相当于其对偶。关于这一点，下面还要详述。

（二）三支作法的矛盾律

所谓宗，是立论者的主张。从逻辑上说，它是推理的结论。据《入正理论》，宗有两个特别的条件。

第一个条件，是说宗由有法和能别（即法）构成。有法是主项，法是谓项。用亚里士多德逻辑的语言来说，有法是小概念，法是大概念。即宗是由 S 和 P 构成的判断。

第二个条件，是说宗不包含相违。所谓相违，就是矛盾。也就是说，作为结论的判断，不能包含矛盾。而这就是矛盾律的一种。

这两个条件，应该成为判断或命题的一般基本条件，但在因明中没有一般地来说，而只是作为宗的条件（由此也可以看到，印度逻辑学的一般的形式化的不充分性）。

这两个条件，是陈那弟子天主的《入正理论》确定的。不过陈那对第一个条件没有明说，而对第二个条件（矛盾律），则详细讨论了。据《正理门论》，相违（矛盾）有五种。第一是自语相违，第二是自教相违，第三是世间相违，第四是现量相违，第五是比量相违。

第一种，所谓自语相违，是这样一种矛盾，即提出一种主张，如说"一切言论都是虚妄的"，本意是否定论敌的言论，结果反而连立论者自身的主张也否定了。也就是说，这是一种包含自相矛盾的主张。它相当于希腊逻辑学中有名的"克利特人的谎话"一类的说法。这种判断的矛盾，从常识上也可以理解。从符号逻辑上进行严密分析如下：

首先，是"真"为W，"假"（虚妄）为W的否定即$\overline{W}$，"言论"为G，则"一切言论都是虚妄的"这个判断就成为：

$$(\forall x)[(x \in G) \to (x \in \overline{W})] \quad (1)$$

这个公式的意思是："对于所有的x来说，如果x是言论，则x是假的。"设这个判断为P，则：

$$P \equiv (\forall x)[(x \in G) \to (x \in \overline{W})] \quad (2)$$

（这里，≡符号表示两个命题是相等的。）根据由全称命题导出单称命题的法则，由（1）式可进行以下推理：

$$\left. \begin{array}{c} (\forall x)[(x \in G) \to (x \in \overline{W})] \\ \hline \therefore (P \in G) \to (P \in \overline{W}) \end{array} \right\} \quad (3)$$

但是根据（2），P与这个推理的前提相等。而推理的前提应该假定为真。因此，（1）∈W，所以：

$$P \in W \quad (4)$$

并且显然"P是言论"，所以：

$$P \in G \quad (5)$$

以（3）的结论作大前提，（5）作小前提进行推理：

$$\left. \begin{array}{c} (P \in G) \to (P \in \overline{W}) \\ (P \in G) \\ \hline \therefore (P \in \overline{W}) \end{array} \right\} \quad (6)$$

把这个结论和（4）式联结构成联言，则：

$$(P \in W) \cdot (P \in \overline{W}) \qquad (7)$$

（7）式是一个矛盾命题，即"P是真的，并且又不是真的"。就是说，最初的（1）式必然会产生这个矛盾。因为用P自身代入P，必然会产生自己否定自己的矛盾。因此，陈那把它叫作自语相违（自相矛盾）。而陈那的前人无著，在《如实论》中，已经用"言语自相破"这样的言词指出了。

第二种，自教相违，是与自己的教义相矛盾的判断。这不是自相矛盾的判断，而是与教义体系中的其他判断相矛盾的判断，因此是带来体系矛盾的判断。

第三种，世间相违，不是逻辑矛盾，而是与人们的常识相矛盾的判断。

第四种，现量相违，是与经验的事实相反的判断，如说"声音不是被听到的"。

第五种，比量相违，是与人们一致承认的推理不一致的判断，如说"瓶是永远不变的（常）"。

陈那同时还列举了"宗因相违"这第六种矛盾。这是指宗（立论者的主张）和因（其理由，即小前提）的矛盾，而不是宗的矛盾。

总之，陈那真正明确地论述了作为宗的判断不能包含矛盾的问题，清楚地奠定了以无矛盾性为基础的合理思想。

（三）论争的准备——因（逻辑的理由）

所谓因，就是原因或者理由。而在《正理门论》中，有这样一个区别，即把原因叫作生因，把理由称为证了因（了因）。这里因指逻辑的理由，即了因。

陈那确立了这种因的三个条件。

第一个条件，是说"因是宗的法"。所谓宗，是立论者的主张，即作为推理结论的判断；在这里，历来解释为是指其判断的主项S。因此，所谓"宗的法"，就是指"S的谓项"，即可以作这样的谓项的中概念M。所以，第一个条件，就是说概念M成为小概念S的谓项，或者说M包含S，即"S是M"，或S⊂M。

第二个条件，是说"S是M"这个判断，必须是立论者和论敌共同认可的。如果不遵守这个条件，由立论者承认而论敌不承认的前提出发进行推理，就会被反驳为"由于前提是错误的，所以结论不成立"。但是这种看法并不完全是逻辑上的考虑，而是从论辩上考虑的。这种情况在陈那的因明中是常见的。

第三个条件，是说"根据作为宗（小概念S）的法的因（中概念M），可以成立有法（小概念S）的法（大概念P）"。这与其说是条件，不如说是因的目的或作用更为恰当。

总之，作为中概念M的因，必须具有联结小概念S

和大概念 P 的作用。因为，"S 是 P"是立论者的主张，论敌不承认。要想说服论敌，就必须使用 S 和 P 以外的要素来证明这一点。因此，这里需要的，既不是 S，也不是 P，而是能够把 S 和 P 联结起来的第三者 M。用《正理门论》的话来说，"有法（S）不能成立（确立）有法（S），并且有法（S）也不能成立法（P），法（P）也不能成立有法（S）。但是，根据法（M）可以成立法（P），并且这样一来〔法（M）也〕能成立有法（S）"。

于是，为了使中概念 M 能够联结小概念 S 和大概念 P，就必须 S 包含于 M，并且 M 包含于 P。即必须：（S⊂M），（M⊂P）同时成立。

这里，第一个条件（"S 包含于 M"），是因的第一相。下面的条件即"M 包含于 P"，是因的第二相。并且，以第二相的否定形式表达的条件，即"M 并且非 P 是不存在的"，是因的第三相。这三者合起来，叫作因的三相。这是陈那逻辑学的一个特点。关于这一点，下面再讨论。

正如宇井博士所说，陈那对于小概念 S、中概念 M 和大概念 P，已经完全从外延的包含关系上清楚地进行了研究，因此三支作法能够构成完全的演绎推理的形式。[①]

----

① 参见《宇井伯寿著作选集》第 1 卷，第 199 页。

（四）使直言三段论法得以成立的喻体

喻，本来是因（理由）得以成立的凭借和依靠，用实例表示。在古因明的五支作法中，就是这样来使用的。不过在古因明中，如在《恰拉卡本集》和《正理经》那里，喻的结构也有很大差别。在《恰拉卡本集》中，喻完全是实例。因此，以其为前提的推理，是类比推理。

然而，在《正理经》中，喻就不仅是实例。而在陈那的逻辑学中，则更为彻底，喻是由实例和全称判断这两部分构成的。在这种情况下，实例的部分，叫作"喻依"；全称判断的部分，称为"喻体"。例如，对于以下的宗和因而言：

宗　声是无常的。

因　因为（声）是所作性。

喻则有如下的形式：

喻体　一切所作的都是无常的。

喻依　例如瓶。

对此，可用符号逻辑表述如下：

宗　$S \subset P$

因　$S \subset M$

喻体　$(\forall x)[(x \in M) \rightarrow (x \in P)]$

对于喻依"例如瓶"作如下表达，也许是很自然的。即：

"例如，由于瓶是所作的，所以是无常的。"于是，瓶若用T表示，则成为：

$$喻依\ (T{\subset}M)\rightarrow(T{\subset}P)$$

把喻体和喻依用联言的形式相联结，则可表示为：

$$喻\ (\forall x)〔(x{\in}M)\rightarrow(x{\in}P)\cdot(T{\subset}M)\rightarrow(T{\subset}P)〕$$

但由于这个公式的前半部分，即喻体部分是全称判断，所以若把它改写为包含关系的话，就成为：

$$(\forall x)〔(x{\in}M)\rightarrow(x{\in}P)〕\equiv(M{\subset}P)$$

因此，就成为：

$$喻\ (M{\subset}P)\cdot〔(T{\subset}M)\rightarrow(T{\subset}P)〕$$

把它再与宗、因并列，就可以知道，如果只有喻体，推理就能够成立。即：

$$喻体（大前提）\quad M{\subset}P$$
$$因\ \ （小前提）\quad \underline{S{\subset}M}$$
$$宗\ \ （结\ \ 论）\ \therefore\ S{\subset}P$$

这个推理式是亚里士多德的直言三段论法第一格第一式（barbara）。这样，喻体·因→宗这种形式的推理，就是真正的演绎推理。它与亚里士多德三段论法的标准形式是同一的。而喻依（实例）则完全成为多余。

不过，如果把喻依作为大前提来考虑，则如下推理成立：

喻依（大前提）　（T⊂M）→（T⊂P）
因　（小前提）　S⊂M
宗　（结　论）　∴ S⊂P

这是一种类比推理的形式。而只有这一点，在逻辑上是不充分的。因此，三支作法的逻辑上的本质，是喻体·因→宗这种形式的推理。而作为实例的喻依，只不过是附带说明。如此看来，陈那的三支作法与亚里士多德的第一格第一式是完全一样的。可以说，陈那与亚里士多德一起登上了古典形式逻辑的顶点。

然而，这是由于陈那把喻的意义完全改变了以后所取得的成果。就是说，喻原来是实例，因此，以它为前提的推理，是类比推理，还没有成为完全的演绎推理。而陈那则把喻变成全称判断，以便用它作为大前提来进行推理。于是把类比推理改变为演绎推理，直言三段论法就成立了。

（五）把喻区分为同喻和异喻的理论

关于喻，陈那进一步区分为同喻和异喻。这个区别，在《正理经》中已经可以看到。不过其对异喻的看法存在着逻辑上的问题。而在陈那关于同喻和异喻的理论中却不存在这样的问题。

所谓同喻，就是上述肯定性的大前提。而异喻，则是对于同喻的否定形式的表达。例如，对于同喻：

喻体　一切所作的都是无常的。
喻依　例如瓶。

来说，则有异喻：

喻体　一切常住的都是非所作。
喻依　例如虚空。

对此，如果从符号逻辑上来分析，同喻就成为已经说过的那样，即：

$$(M \subset P) \cdot [(T \subset M) \rightarrow (T \subset P)] \qquad (1)$$

在异喻中，"常住"是"无常"的否定，"非所作"是"所作"的否定。作为实例的"虚空"如果用 R 表示，则异喻就成为：

$$(\forall x)[(x \in \overline{P}) \rightarrow (x \in \overline{M})] \cdot [(R \subset \overline{P}) \rightarrow (R \subset \overline{M})] \qquad (2)$$

由于这个公式的前半部分是：

$$(\forall x)[(x \in \overline{P}) \rightarrow (x \in \overline{M})] = (\overline{P} \subset \overline{M}) \qquad (3)$$

所以异喻又成为：

$$(\overline{P} \subset \overline{M}) \cdot [(R \subset \overline{P}) \rightarrow (R \subset \overline{M})] \qquad (4)$$

把这个公式与（1）式比较来看，则两者的喻体的部分由于存在换质位的关系，所以是相等的。即成为：

$$(M \subset P) = (\overline{P} \subset \overline{M}) \qquad (5)$$

因此，仅就喻体而言，把同喻和异喻用联言的形式并列起来，在逻辑上是相同东西的重复。正如宇井博士所指出的那样，可以消去其中一方。① 如果消去异喻，推理式就成为上述的直言三段论法第一格第一式。而如果消去同喻，就成为：

喻　　$\overline{P} \subset \overline{M}$
因　　$S \subset M$
宗　　∴ $S \not\subset P$

这是属于直言三段论法的第二格。但由于对同喻和异喻没有分别处理，二者是用联言的形式一起集中表达的，所以推理也就成为第一格和第二格的复合，即成为如下这种特殊形式：

$$(M \subset P) \cdot (\overline{P} \subset \overline{M})$$
$$S \subset M$$
$$\therefore S \subset P$$

不过其本质仍可以说与第一格第一式一样。

但是，这样说只是就喻体来考虑的。如果把喻依加上去，就多少有些复杂了。正如北川氏所详细论述的那样，在同喻的情况下，是表示"M 包含于 P"（或者"所有的 M 是 P"）的关系，即肯定性的关系，所以证明它的实例至少得有一个。而异喻是表示否定的关系，所以表示它的实例也可能不存在。如"一切所作的都是无常的"是同

---

① 参见《三井伯寿著作选集》第 1 卷，第 236 页。

喻，其异喻是"一切常住的都是非所作"。从佛教的观点来看，常住的东西是不存在的，因此对异喻的实例就不考虑。这时，异喻就成为：

$$(\overline{P} \subset \overline{M}) \cdot (\overline{P} = 0) \qquad (6)$$

0 表示没有元素的空集合。所以，如果把附加实例（喻依）作为不可缺少的条件，那么在只有这样的异喻的情况下，就不能构成推理的大前提，必须把同喻加上去才行。因此，北川氏认为，同喻可以单独地（在没有异喻的情况下）构成大前提，而异喻如果不与同喻在一起，就不能构成大前提。这一点是正确的。[①] 然而完全从形式逻辑上来看，如果把（6）的形式的异喻变形，就成为：

$$(M \subset P) \cdot (P = I) \qquad (7)$$

I 表示包含所有元素的全集合。而这个形式可以构成大前提。因此，（6）的形式的异喻，也可以单独构成大前提。

（六）三支作法的特性

总而言之，三支作法从纯逻辑的观点来看，是依据概念外延的包含关系的演绎推理形式。它相当于亚里士多德的直言三段论第一格第一式，并附带有大前提的换质位。不过在陈那的三支作法中，附加了纯逻辑的要素以外的、

---

① 参见北川秀则：《印度古典逻辑学的研究——陈那的体系》，第44、51、266页。

论辩上或表达上的要素。这就构成为自推理和为他推理的区别、喻体和喻依的区别，以及同喻和异喻的区别。

三、因三相

（一）术语——"同品"和"异品"

标志陈那逻辑学特征的理论，除了三支作法，还有因三相。要讨论因三相，首先得说明它的术语。这就是同品和异品这两个词。

所谓"同品"，梵文是 Sapakṣa。Sa 是共同的意思，pakṣa 是宗。所以同品就是"为宗所共同具有的东西"。这里，宗（pakṣa）不是作为结论的判断（"S 是 P""S 包含于 P"），而是指其判断的谓项 P。因此，作为"为宗所共同的东西"的同品，就是属于宗谓项（大概念）P 的所有个体的集合。借用宇井博士的话来说，就是指"宗谓项的全部外延"[①]。而用现代符号逻辑来表达，就成为：$P =_{df} \hat{x}(x \in P)$，等号左边的 P 是集合 P，右边的符号是"属于 P 的东西的集合"。就是说，同品是为 P 所规定的集合。

同样所谓异品（梵文 vipakṣa, asapakṣa），就是宗谓项 P 的外延以外的东西，即"不属于 P 的个体的集合"。从现代逻辑学上说，相当于集合 P 的补集 $\bar{P}$。用波形符号～表

---

① 《宇井伯寿著作选集》第 1 卷，第 203 页。

示否定，则异品为：$\bar{P} =_{df} \hat{x} \sim (x \in P)$，同品和异品用几何图形表示如下（图2）。

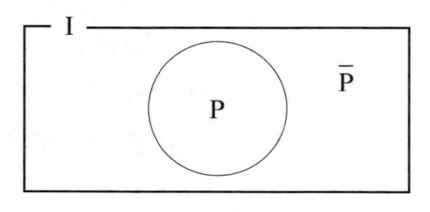

P = 同品

$\bar{P}$ = I-P = 异品

图2　同品异品概念关系

在图2中，I表示可以被考虑的个体的全集合。于是，异品$\bar{P}$是P的补集合，所以就等于从I中减去P后剩下的部分。这样，异品和同品的基本关系，就可以表示为如下公式：$P \cap \bar{P} = 0$，公式左边的符号表示P和$\bar{P}$的交。右边的0表示这个交不存在。

所谓因三相，就是如下三个条件[①]：

（a）第一相——遍是宗法性

（b）第二相——同品定有性

（c）第三相——异品遍无性

这三个条件，是用来保证三支作法推理有效的条件。其中

---

① 参见《入正理论》。

第一相，是关于因（小前提）的条件。第二相，是关于喻（大前提）的条件。第三相，是第二相的否定的表达。

（二）第一相——遍是宗法性

所谓"遍是宗法性"，梵文为 pakṣa-dharmatva。pakṣa 是"宗"，dharma 是"法"，tva 是抽象名词的词尾，相当于"性"。因此，本来只是"宗法性"。"遍是"是由汉译者附加的说明。"宗法性"的意思是"作为宗的法的"。所谓宗，是宗主项（小概念）S。因此，"宗的法"就是因（中概念）M 构成 S 的谓项。"遍是"这个说明，表示 M 构成所有 S 的谓项。因此，所谓第一相，就是表示这样一个条件，即"所有 S 是 M"，或"S 包含于 M"。用符号逻辑表示，就成为：

$$(\forall x)[(x \in S) \rightarrow (x \in M)] \quad (1)$$

或者表示为：

$$S \subset M \quad (2)$$

如果 S 和 M 的外延相同，就成为：

$$S = M \quad (3)$$

然而这时，S 和 M 就成为同一概念，因此用来证明"S 是 P"的理由的 M，就失去了根据，这在古因明中叫作"到和不到的诡辩"。因此把（3）的情况除外，只把（1）或（2）算作第一相。而当不满足这第一相的条件时，因（小前提）就不能成立。所以第一相是因（小前提）的条件。

不满足这一条件的判断，乍看似乎是因（小前提），而实际上不是正确的因（小前提）。因此把它叫作"不成似因"而必须加以排除。

在陈那的"正理门论"和天主的《入正理论》中都列举了四种不成似因。在印度的思想中，这种思辨确实是比较精密的。与中国和日本的思想有很大的不同。

（三）第二相——同品定有性

所谓"同品定有性"，梵文为 sapakṣe sattva。sapakṣe 是"在同品中"，sattva 是"存在"的意思。所谓"同品"，如上所述，是宗谓项（大概念）P 的外延。因此，所谓"在同品中存在"，就是因（中概念）M 在 P 中存在，即"M 包含于 P"，或"M 是 P"。用符号逻辑表达，即：

$$M \subset P \tag{4}$$

这是中概念 M 和大概念 P 的关系，所以显然是喻（大前提）的条件。不过在 M 和 P 相等的场合。即：

$$M = P \tag{5}$$

的场合，喻（大前提）也是成立的，所以用选言把（4）和（5）联结起来，即：

$$(M \subset P) \vee (M = P) \tag{6}$$

或作如下表达也是一样：

$$M \subseteq P \tag{7}$$

这是第二相。

（四）第三相——异品遍无性

所谓"异品遍无性"，梵文为 vipakṣe asattva eva。意思是，"在异品中完全不存在"。异品，如上所述，是 P 的外延以外的东西，即 $\bar{P}$ 的外延。在其异品中，因（中概念）M 完全不存在，从符号逻辑上说，就是 M 和 $\bar{P}$ 的交为零。因此，即：

$$(M \cap \bar{P}) = 0 \quad (8)$$

这是第三相。然而，把（8）的形式变形，就成为：

$$[(M \cap \bar{P}) = 0] \equiv (\bar{P} \subset \bar{M}) \quad (9)$$

第三相是第二相的（4）式的换质位，是第二相的否定形式的表达。

总之，第一相是推理的小前提的条件。第二相是大前提的条件。第三相是第二相的否定形式。根据这三个条件，三支作法就成为正确的直言三段论法。

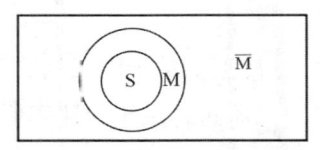

因三相用几何图形表示如右（图3）：

第一相 $S \subset M$

第二相（Ⅰ） $M \subset P$

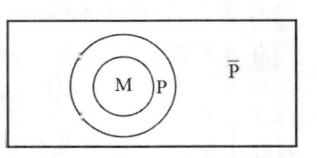

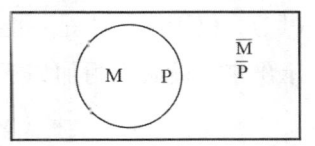

第二相（Ⅱ） $M = P$

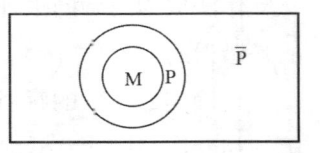

第三相 $(M \cap \bar{P}) = 0$

图3. 因三相概念关系

（五）关于因三相的新旧解释

不过，关于上述解释，也不是没有不同意见的。如果根据北川氏的详细研究，（4）式这样的关系，应该叫作随伴关系（梵文 anvaya），不是第二相。第二相是说"M 和 P 的交不是零"。用符号逻辑表示，是如下关系：

$$(M \cap P) \neq 0 \qquad (10)$$

因此，第二相不是与随伴关系同样看待；并且第二相如果用（10）式表达，则"M 和非 P 的交是零"（"M 不是非 P"）。仅用第二相是不能明确表示出来的。要把它明确表示出来，就必须附加如下公式：

$$(M \cap \overline{P}) = 0 \qquad (8)$$

这是第三相。可见，通过第二相和第三相的联合，才能使三支作法成为正确的推理形式。因此，把第三相看成无用的是错误的。[①]

这确实是正确的解释。不过陈那也似乎是把第二相和第三相看作与同喻和异喻相等的东西。然而同喻和异喻至少存在着关于喻体的换质位关系，所以第二相和第三相也存在着换质位关系。这样，我在这里所说的历来的解释是可以成立的。

---

① 参见北川秀则：《印度古典逻辑学》，第 50 页。

四、九句因

（一）对三支作法正误的辨别

三支作法和因三相构成陈那逻辑学的特征。不过这二者都未必是陈那的独创。可是九句因说却完全是他的建树。根据九句因，可以明确辨别三支作法的正误。从纯逻辑的观点看，九句因是因明重要原理因三相的应用。然而，有效的推理式和无效的推理式的实际区别，只有通过九句因才能了解。

所谓九句因，是这样一种表。这种表，完全枚举因（中概念）M 对于宗谓项（大概念）具有的关系，然后区别喻（大前提）的正确和不正确。

对因（中概念）M 和宗谓项（大概念）P 的组合，可作如下考察：

（a）M 对于同品 P，具有有、非有、有非有三种关系中的一种。

（b）M 对于异品 $\bar{P}$，具有有、非有、有非有三种关系中的一种。

（c）因此，M 对于同品 P 和异品 $\bar{P}$ 两方面的结合关系的总数，由于（a）和（b）的排列顺序的规定，就应该是 $3 \times 3 = 9$，即有九种结合。

（二）有、非有和有非有构成的九句

九句因是由有、非有、有非有这三种关系构成的：

（a）所谓有，就是两个概念，例如 A 和 B 外延相等。即：A=B。

（b）所谓非有，就是 A 和 B 的交不存在。即：（A∩B）=0。

（c）所谓有非有，就是 A 包含于 B，占有 B 的一部分。即：A⊂B。

九句因，就是在因（中概念）M 和同品 P 及异品 $\overline{P}$ 中间，分别由这三种关系结合而成。例如，第一句"同品有异品有"的意思是，"M 对于 P 是有，对于非 P 也是有"。对此，如果从符号逻辑上来分析，就应该用如下选言式的公式表示：

$$(M=P) \vee (M=\overline{P}) \qquad (1)$$

不过据北川氏研究，"同品有异品有"未必用（1）式表达。从北川氏的图形表示法分析，第一句是这样的形式[①]：

$$M=(P \cup \overline{P}) \qquad (2)$$

中村元博士的图解，也可以做同样分析[②]。然而对于九句因，如果完全从逻辑上来分析，与其把第一句解释为（2）

[①] 参见北川秀则：《印度古典逻辑学》，第32页。

[②] 参见《中村元选集》第10卷，第586页。

式，不如解释为（1）式更为自然、合适。尤其是在下面将会看到，如果用（1）式来判别正确和错误，那就会作出极其简洁的判定。于是，剩下的八句，也可以作出像第一句这样的分析。试列举如下[①]：

第一句　同品有异品有　$(M=P) \vee (M=\bar{P})$

第二句　同品有异品非有　$(M=P) \vee [(\bar{M} \cap P)=0]$

第三句　同品有异品有非有　$(M=P) \vee (M \subset \bar{P})$

第四句　同品非有异品有　$[(M \cap P)=0] \vee (M=\bar{P})$

第五句　同品非有异品非有　$[(M \cap P)=0] \vee (M \cap \bar{P})=0$

第六句　同品非有异品有非有　$[(M \cap P)=0] \vee (M \subset \bar{P})$

第七句　同品有非有异品有　$(M \subset P) \vee (M=\bar{P})$

第八句　同品有非有异品非有　$(M \subset P) \vee [(M \cap \bar{P})=0]$

第九句　同品有非有异品有非有　$(M \subset P) \vee (M \subset \bar{P})$

（三）正因、相违因和不定因

这样，九句因就是对喻（大前提）的种类的完全枚举。当然，它们作为喻（大前提），并不是全部都正确。因此，对其正确和错误，必须相继给予辨别。而辨别的标准，就是上述因三相中的第二相和第三相。第二相，是同品的条件，即：

$$(M \subset P) \vee (M=P) \qquad (3)$$

[①] 参见《正理门论》《入正理论》。

第三相,是异品的条件,即:
$$(M \cap \bar{P}) = 0 \qquad (4)$$
在九句因中,满足这两个条件的,只有第二和第八两句。第二句,满足(3)式的后半部分和(4)式。第八句,满足(3)式的前半部分和(4)式。因此,只有这两句可以成为正确的大前提。这叫正因。同时还可以再详细地考察一下。第二句是:
$$(M = P) \vee [(M \cap \bar{P}) = 0] \qquad (5)$$
这个公式的后半部分加以变形,就成为:
$$[(M \cap \bar{P}) = 0] \equiv (M \subset P) \qquad (6)$$
因此,(5)式就成为:
$$(M = P) \vee (M \subset P) \qquad (7)$$
这与(3)式相等,即是第二相本身。第八句,也可通过大致同样的变形,还原为第二相,因此可知是正确的大前提。

第四句和第六句,与第二相和第三相都是矛盾的。所以不能成为正确大前提,把它们叫作相违因而加以排除。之所以叫相违因,是因为它们与第二相和第三相是相违(矛盾)的。关于第四句,还可以再详细考察一下。首先,第四句是:
$$[(M \cap P) = 0] \vee (M = \bar{P}) \qquad (8)$$
把它加以变形,前半部分成为:
$$[(M \cap P) = 0] \equiv (M \subset \bar{P}) \qquad (9)$$

后半部分成为：

$$(M = \bar{P}) \equiv [(M \subset \bar{P}) \cdot (\bar{P} \subset M)] \quad (10)$$

因此，（8）式就成为：

$$(M \subset \bar{P}) \vee [(M \subset \bar{P}) \cdot (\bar{P} \subset M)] \quad (11)$$

用命题逻辑的简单计算就可以把（11）式变形为：

$$M \subset \bar{P} \quad (12)$$

这违反第三相。因此，由于第四句违反第三相，所以作为大前提是错误的。对于第六句，也可以做同样分析。

除去正因和相违因而剩下的五句，由于满足第二相和第三相中的一个，所以作为大前提有时正确，有时不正确。因此，它们被称为不定因。例如，第一句"同品有异品有"是：

$$(M = P) \vee (M = \bar{P}) \quad (13)$$

这个公式的前半部分，即：

$$M = P \quad (14)$$

满足第二相。但是其后半部分，即：

$$M = \bar{P} \quad (15)$$

违反第三相。因此，只有当（14）式真而（15）式假的场合，（13）式与第二相一致，第一句成为正确的大前提。而在其他场合，第一句或违反第二相，或违反第三相，不能构成正确的大前提。因此第一句是不定因。

（四）共不定因和不共不定因

不过，第一句，不管是关于同品也好，或关于异品也好，像（14）式或（15）式那样，都构成肯定的形式。因此把它叫作共不定因。与第一句一样，第三、第七、第九句，也是共不定因。

第五句"同品非有异品非有"，虽然也是不定因，但为如下形式：

$$[M\cap P=0] \vee [(M\cap \bar{P})=0] \quad (16)$$

由这个公式可知，它关于同品和异品都构成否定的形式。因此与前四种共不定因相区别，第五句特别叫作不共不定因。这里，关于同品，M 和 P 没有相交的部分；关于异品，M 和 P 也没有相交的部分。所以，什么实例也不能够拿出来。而印度逻辑学，是把大前提（喻体）附带实例（喻依）作为原则的，这样第五句就被看成非常特殊的、难以处理的东西。然后如果把（16）式变形，就成为：

$$(M\subset \bar{P}) \vee (M\subset P) \quad (17)$$

这与第九句是相等的。因此，从符号逻辑上看，对第五句没有特别处理的必要。但第五句（16）式的前半部分，即：

$$(M\cap P)=0 \quad (18)$$

是第二相的否定。这一点与其他四种不定因不同。就是说，被称为共不定因的四种不定因，与第二相一致，而与第三相相反。第五句与第三相一致，而与第二相相反。

（五）印度逻辑学所完成的业绩

总之，九句因完全枚举了推理的大前提的所有场合。其正确和错误，是通过因三相，特别是与第二相和第三相的一致不一致来决定的。对九句因的分类如下：

（a）正因（与第二相、第三相双方一致）——第二、第八句。

（b）相违因（与第二相、第三相双方相反）——第四、第六句。

（c）不定因（与第二相或第三相中的一方一致，与另一方相反）。

（c_1）共不定因（与第二相一致，与第三相相反）——第一、第三、第七、第九句。

（c_2）不共不定因（与第三相一致，与第二相相反）——第五句。

根据九句因，特别是正因所具体决定的推理大前提（喻）的形式，再加上由因的第一相所决定的小前提（因），有效的三段论法推理就成立了。这就是作为推理论的印度逻辑学所完成的业绩。而如上所述，这本质上是亚里士多德的第一格第一式和其换质位的变形。在这个领域中，印度的合理思想，尽管迟误了数世纪，但终于完全靠自己独立的力量，与希腊的合理思想一起，攀登上了相同的顶点。

第四节　印度的辩证法

一、印度思想的合理性和非合理性

（一）否定合理性而向非合理性复归的龙树

印度思想具有极合理的性质，这一点从上述的新古因明已经可以看得很清楚了。然而不管怎样合理，印度思想显然不同于近代科学，也并不像古希腊思想那样把合理性贯彻到底。这是由于，它本来是宗教思想，这种宗教思想把解脱的体验作为最感兴趣的事。它的合理思辨也只是作为解脱的手段而承认其价值。它基本上不是仅从知识的兴味上来追求合理性。因此，它具有合理性，也经常考察超越合理性的非合理性。在这里，合理性和非合理性的关系被作为重大的问题。在这个问题上进行敏锐思考和彻底追求的是龙树。其代表作是《中论》。

龙树从一切合理性思考中发现自相矛盾的非合理性，因此否定合理性，向非合理性的体验转换。这明显是对合理性的否定，而不是一般的否定。

大致说来，对于合理性的否定，早在《般若经》的系统中就可以看到。特别是在《维摩经》中，可以看到对合理思辨用沉默来回答的态度。这就是有名的"如维摩之一默雷"。而这是发源于初期佛教的"无记"的思想。所谓"无记"，如上所述，就是对形而上学的问题，是非然否都不加以回答，即判断的中止。维摩的"一默"也是一样。由于对解脱的体验进行思辨的解说是毫无意义的，所以只有中止判断而沉默。把这一点用实际的态度表现出来，就是"一默"。

由此看来，在很早以前，就有否定合理思考的尝试，而龙树的否定合理性，却有其极为独特之处。龙树并不是通过中止判断或"一默"来排斥合理思考，而可以说是通过揭示合理思考的自相矛盾来让合理思考本身寻求自杀。也就是用合理性来否定合理性。因此，龙树跟维摩居士的沉默正相反对，他是用彻头彻尾的反复考察，条分缕析到折服论敌为止。

（二）与西方肯定的辩证法相反的否定辩证法

龙树这种议论在中国和日本一般是看不到的，从中可以看出与古希腊苏格拉底的对话相类似的东西。苏格拉底厌烦你来我往的无谓争辩。他试图从乍看似乎合理的论敌思想中发现矛盾，由此而克服论敌的思想，获得新的坚定的思想。苏格拉底的对话是西方辩证法的一个源泉。与此相类似的龙树的议论方法，也可以说是一种辩证法。

然而苏格拉底的辩证法以及由他创始的西方辩证法

和龙树的辩证法有一点明显的不同。苏格拉底认为，通过对话把论敌的思想相继否定，最终可以获得坚定不移的合理的知识。其辩证法是以矛盾（不合理性）为媒介，由较低的合理性向较高的合理性转移，所以决没有否定合理性向非合理性转化的倾向。它是在合理性的范围内建立的辩证法。因此，它也可以名之曰肯定的辩证法。西方的辩证法尽管也有多多少少的例外，然而一般说来就是这种肯定的辩证法。仅就近代以后来看，黑格尔的绝对精神的辩证法，马克思的唯物辩证法，都是在合理性的范围内考察的肯定的辩证法。

龙树的辩证法与此不同，它是以揭示合理性的自相矛盾为手段，放弃合理性本身，而复归于非合理性的辩证法。它不是限于合理性范围内的肯定的辩证法，而是突破合理性的范围，超出合理性的否定的辩证法，这是龙树思想的根本特征。

（三）向一度被否定了的合理性复归的世亲

如上所述，印度思想，或者至少是印度佛教中的辩证法，以龙树为代表。不过在唯识派中也可以看到与此多少有些不同形式的辩证法。龙树的否定辩证法的具体形式在于暴露论敌学说的不合理性，从而驳倒论敌。他所用的方法是归谬法。

相反，唯识派的辩证法，虽然同样也处理合理性和非合理性的关系，但却不只是反驳合理性，而是由解脱体验的非合理性再度复归于合理性，从合理性的观点来对其重新认识。因此，龙树的辩证法，是以否定合理性为主。而唯识派的辩证法，是对合理性的一次否定、一次肯定。可见，它不是单纯否定的辩证法。然而，它也不是始终停留于合理性之中的西方式的肯定辩证法。其基础依然是以解脱体验的非合理性为主体的一种否定辩证法，不过在再度把它合理化这点上包含着肯定。因此，在外表上，它也具有肯定辩证法的形态。

世亲的《唯识三十颂》就代表着这种唯识派的辩证法。以下，我们将通过分析龙树和世亲的思想来探寻印度的辩证逻辑。

二、龙树的辩证法（上）

（一）两种观察事物的方法——二谛说

龙树出生于南印度，是公元二世纪至三世纪之间的人物。因此，他虽与因明的完成者陈那出生于同一地方，但却是比陈那早数世纪的先辈人物。观其主要著作《中论》或《回诤论》可知，他具有异常锐利的理论分析能力。然而，他并不只是在讲究逻辑，就是在宗教的体验中也有超出常人的深刻思想。而如果不用辩证思维来充实这种体验，也就没有那种彻底的反驳。为了考察他的辩证法，先要分析作为其思想的一个特征的"二谛说"。

龙树提出两种观察事物的方法,即真谛(第一义谛)和俗谛(世俗谛)。[①] 在初期佛教的四谛中,把苦、集、道叫俗谛,把灭叫真谛。真谛是解脱的心境,俗谛是其预备阶段或手段。龙树自己也说:"如果不通过俗谛,便不能获得第一义(真谛)","如果不把握第一义(真谛),便不能获得涅槃"(《中论》二十四第十偈)[②]。因此,俗谛是真谛的手段,而真谛也被看作是涅槃(解脱)的手段。真俗二谛在解脱的手段上有区别,解脱被认为是在二谛之外建立的。

这是与龙树的原意最接近的三论宗系统的解释[③]。而清辩在解释龙树的真谛时,将它一分为二,即分为可以用语言表达的绝对和不可以用语言表达的绝对,并且把俗谛也一分为二,即分为妥当的俗谛和不妥当的俗谛(如幻想)。根据这种解释,"不可以用语言表达的绝对"是解脱的真谛;"可以用语言表达的绝对"即三论宗的真谛。据宇井博士说,一般把"不可以用语言表达的绝对"这种真谛叫理的真谛;"可以用语言表达的绝对"这种真谛叫

---

① 参见《中论》第二十四,第八偈。

② 《中论》原文:"若不依俗谛,不得第一义。不得第一义,则不得涅槃。"——译者

③ 参见《宇井伯寿著作选集4 三论解题》,第37页。

言教的真谛。① 这种区别相当于《大乘起信论》的离言真如和依言真如的区别。

而从理的真谛（离言真如）来看，言教的真谛（依言真如）就构成俗谛的一部分。因为言词表达并不是解脱的体验本身。在上述《中论》二十四第十偈青目的解释中，就明白地这样说："言说是世俗。是故若不依世俗，第一义（真谛）则不可说。"因此，姑且不论龙树自身的说法，二谛之说可以整理如下：

1. 理的真谛——离言真如——解脱的体验。
2. 境的俗谛——言说——解脱的手段。
    2.1 言教的真谛——依言真如——解脱的说明——空。
    2.2 言教的俗谛——虚妄的判断——妄分别——有。

因此，把事物作为有，而下独断的判断，是狭义的俗谛。对其加以否定，而指示通向解脱之道，是作为手段的俗谛，即言教的真谛。通过这种手段而体验解脱时，这由于是体验，所以是与言说相分离的这是作为离言真如的理的真谛。破除这种狭义的俗谛，而达到理的真谛的过程，是一种辩证法。因为这是否定俗谛的独断的判断，并通过这种否定来进行思考的逻辑。

---

① 参见《宇井伯寿著作选集 4 三论解题》。

（二）否定的辩证法（合理性的自我否定）

龙树的思考显然是一种辩证法。这种辩证法，是探寻由狭义的俗谛（有的妄分别），到作为其否定的言教的真谛，再到作为其目的的理的真谛（解脱的体验）的过程。因此，由于其终点是超越言说的体验，所以其特征也就是超越言教的合理性，而达到于非合理性，即否定的辩证法。无论黑格尔，还是马克思，甚至整个西方的辩证法，一般是由合理性进到合理性。否定一种合理性正是为了获得新的合理性，而决不是像龙树这样由合理性推移到非合理性。

然而，龙树的否定辩证法，是否定和舍弃合理性。不过，为了否定合理性，就必须运用合理性。所以，这种辩证法，是依据合理性对合理性的否定，即合理性的自我否定。是合理性在自己本身中发现矛盾，从而发现不合理性。

这种合理性的自我否定，用龙树的二谛说来讲，是由言教的真谛来进行的。这是凭借言说来否定言说。素朴的俗谛，单纯相信凭借言说的合理性。与此相反，言教的真谛从俗谛中发现不合理性，并对它加以否定。因此，在这个阶段，他的辩证法专取反驳俗谛的形式，并用归谬法来达到目的。

不过仅到这里还没有完结。在下一个阶段，这个否定本身也被否定。因为，当仅仅停留于反驳俗谛时，还没有摆脱合理性的立场。这时即使有某种否定,也仍然没有摆脱凭借言说的思辨。因此,为了达到解脱的体验,这种反驳的思辨也应该加以否定,即需要否定之否定。龙树所谓"空",就是这种否定的否定。青目释说"空亦复空",就是指"否定自身也被否定",即指双重否定。①

否定之否定,在普通逻辑学中,是回复于原来的肯定。在黑格尔的辩证法中,否定的否定也是肯定,是更高级的综合命题,或对上位概念的肯定。不过龙树的双重否定,并不只是回复于肯定,而是对合理性的放弃,是向非合理性的转换。由于在凭借言说的合理性中,一定纠缠着不合理性,所以跟不合理性在一起的合理性本身也被舍弃,言说的思辨被全部舍去。结果就可以达于离开言词的解脱的直接体验。这是凭借合理性来舍弃合理性,凭借思辨来舍弃思辨,凭借言词来舍弃言词。

因此,这相当于《起信论》所说的"以言遣言"。"遣"即否定,意指"用言词否定言词、舍弃言词"。其结果,在《起信论》中,是离开言词,到达于"离言真如"。在龙树那里,是达于"理的真谛"。这可以说是言亡虑绝的状态,即离开言词的解脱的直接体验。龙树的否定的辩证法,就是这样由合理性向非合理性的转换。

---

① 参见《中论》二十四。

（三）中道的辩证法——三谛偈之说

龙树的复归于直接体验，即使从某种言亡虑绝的状态来说，也并不是完全不用思考的死灰状态。解脱是直接体验，用陈那的说法，是"修定者的现量"，然而这也不只是感觉知觉，而是智慧。这种智慧被称为般若，所以被看作是一种直观的智慧。直观的智慧毕竟是智慧。并且既然是认识能力，它就是一种分别，就应该看作是合理的思维。因此，从一度舍弃合理性，到达于解脱的直接体验来看，对于舍弃的合理性也冷静看待，把它作为假定而再度肯定。不过这不是把合理思维（分别）原封不动地再认，最终仍是要被舍弃的，只不过是需要作为暂定的手段来加以承认。

这跟黑格尔辩证法的"扬弃"相似。所谓扬弃，就是把低级阶段的概念或命题一度舍弃，然后把它作为更高级阶段的要素再加以承认。龙树《中论》中有名的"三谛偈"对这一点做了很好的表述。汉译《中论》二十四第十八偈有言：

众因缘生法，我说即是无。亦为是假名，亦是中道义。

宇井博士译为：

诸凡缘起之物我们即说为空。其空为相依的假说。这正是中道。

三谛偈的主张可分为如下三条：

（1）把因缘或缘起和空一视同仁。

（2）把（1）的主张作为假名，把它和空（空的空）一视同仁。

（3）由于因缘与空的同一，假与空的同一，既不偏于有（肯定），也不偏于无（否定），而成为二者的综合。这叫作中道。

（四）三谛偈的第一条主张

所谓空，就是把俗谛的肯定判断加以否定。俗谛把事物作为实体来加以肯定。把这种实体的观察方法加以否定，就是空。因此，所谓空，相当于初期佛教的无我的思想，也就是无实体。三谛偈的第一条主张，是把这种无实体和因缘视为同一。

因缘也叫缘起。凭借因（内部原因）和缘（外部原因）的结合而产生结果。因此，因缘或者缘起，并不是事物本身独立地存在，而是依他而存在。于是，这也叫作"依他起性""依他性"或"相依性"等等。用现代的习惯用语来说，叫作相互依存性。

与此相反，所谓实体，就是"依靠自己而存在的东西"。于是作为其否定的无实体，就是不依靠自己而存在的东西，即依他而存在的东西。就是说，无实体是依他性，是因缘性。因此，所谓空，并不是什么也没有，只是无实体，却有因缘生起的现象。于是，否定实体说，并不是否定和去掉一切，而是肯定作为缘起的现象界。

　　对此若从现象界来说，肯定现象界，就是肯定其缘起（相依性），这样当然就否定其独立性。而否定其独立性，就否定其实体性。因此，现象界的肯定，同作为实体的否定的空，是一样的。青目释说："众缘具足和合而物生。是物属众因缘，故无自性（无实体）。无自性故空。"[①] 青目释接着说："空亦复空。"如上所述，这是二重否定。实体的否定这第一阶段的否定，因尚停留于言教的真谛，故否定它，即否定言教，是预防把空的概念实体化。

（五）三谛偈以第二条主张否定第一条主张

　　这样，由于用言说来否定关于事物的实体观，而承认现象界的缘起，所以也存在着把这种主张本身实体化的担心。于是对此也应该加以否定。这样就需要上述"空亦复空"的二重否定。凭借这种二重否定，一方面实现离开言说的直接体验，同时在另一方面，把依靠言说的三谛偈的

---

① 青目释：《中论》二十四。

第一条主张，作为无实体的相对的东西，而加以承认。于是，把作为现象的言说叫作假名。因此，与第一阶段的否定为否定实体而肯定缘起一样，第二阶段的否定为否定言说的绝对化（实体化），而肯定其相对性（假）。于是，放弃言说，回复于言亡虑绝的体验，并不是如聋哑人那样的失语塞听，而是把言说作为相对之物来再度承认。

可见，离言的理的真谛，就是超越言说的真谛，同时把言说的真谛作为假名而加以保存。这就是三谛偈的第二条主张把空和假名一视同仁的意义。

（六）三谛偈的第三条主张：有和无的综合

如上所述，由于实体的否定是因缘的肯定，言说的绝对化的否定是假名的肯定，所以有（肯定）和无（否定）双方均不偏废。这就是把有和无作为相对之物来加以综合。这就叫作中道。青目释说："离有与无二边，故名为中道。"①意思就是如此。因此，中就是有与无的综合，其内容是二重的。在第一阶段，是实体的否定（第一阶段的空）和因缘的肯定的综合。在第二阶段，是言说的实体化（绝对化）的否定（第二阶段的空）和假名的肯定的综合。

总之，这样一来，通过二重否定所达到的解脱的体验，是言亡虑绝是离言，并且把被相对化了的言说（分

---

① 《中论》二十四——《大正藏》第30卷，第33页。

别)作为假名包含于其中。在这里,构成了中道的辩证法。不过,在龙树的思想中,把主要力量倾注于作为辩证法的一个方面的否定中,导致他的辩证法没有充分发育。后来,特别是在中国佛教中,作为三论宗和天台宗的教理,它才发展起来。再者,这种否定的辩证法,是一种构成阶段的思维方法,因此也可以说是一种阶段的辩证法。它不像黑格尔的辩证法那样,是一种把认识内容不断推陈出新的过程的辩证法,也与后来在中国佛教中所见的非阶段的辩证法不同。龙树的辩证法是把认识方式变为阶段的辩证法。

总而言之,可以表示如下:

$$\begin{cases}狭义的俗谛 = 实体的肯定 \\ 言教的真谛 = 实体的否定 = 缘起的肯定 \\ 理的真谛 = 言说的绝对化的否定 = 言说的假名的肯定\end{cases} 中道$$

三、龙树的辩证法(下)

(一)无实体的辩证法

如上所述,龙树的思想是辩证法,并且是否定的辩证法。在它是否定的这点上,与黑格尔等的西方辩证法有很大的不同之处。但是,两者间的不同,还不止于此,还有下述另一个很大的不同点。

在西方思想中，辩证法是作为某种实体的运动来考察的。在黑格尔那里，辩证法是绝对精神的观念实体的自己运动。在马克思那里，辩证法是物质的客观实体和社会劳动间的运动。由于这些思想都是根据实体来考察辩证法，所以可以叫作实体的辩证法。

但是，龙树的辩证法，由于是从实体概念的否定出发的，是无实本的辩证法，是认识方法上的辩证法。就西方思想而言，康德的《纯粹理性批判》的最后部分——"先验辩证论"，跟它有少许近似的性质。这种类似，在初期佛教时也已经指出了。但在龙树那里，不只是对认识进行批判，同时也具有通过批判而转为寻求中道的积极态度的倾向。

尽管龙树的辩证法有不同于黑格尔等人的实体辩证法的方面，并且龙树最终还有寻求中道的积极性，然而龙树辩证法的中心，依然是用反驳（或归谬法）来对认识进行批判。在这一方面，也可以说与康德的"辩证论"是相似的。

（二）用归谬法对认识进行批判

龙树辩证法的中心，在于破斥俗谛的实体观的第一阶段的否定。按其意义，这可以说是一种归谬法的论证方法。它的形式是，指出实体观的矛盾，然后把它所驳斥的观点置于自我否定的困境。但是，它与通常的归谬法多少有些不同。通常的归谬法，是这样一种推理，即如果假定结论假则前提假，所以，如果前提真则结论不能假。因此，它具有如下的形式。

首先以 p 和 q 为前提，由之导出结论 r。归谬法是这样一种证明方法，即假定其结论 r 为假，就把它视为否定。于是由 r 的否定和前提之一 p 的联言，可以导出剩余前提 q 的否定。即下式成立：

$$(p \cdot \sim r) \to \sim q \quad (1)$$

将（1）式变形，则下式成立：

$$p \to (\sim r \to \sim q) \quad (2)$$

再将（2）式用对偶律变形，则下式成立：

$$p \to (q \to r) \quad (3)$$

将（3）式再变形为：

$$(p \cdot q) \to r \quad (4)$$

这个（4）式的意义，就是由前提 p 和 q 导出结论 r。这样，由于结论 r 的否定，会犯一个错误，即导致前提 q 的否定。所以结论 r 就不能否定。这样一种推理就是通常的归谬法。

与此相反，龙树的归谬法，是这样一种推理，即如果承认前提（实体观）为正确，则意味着产生矛盾的结论。而为了避免这种矛盾，就应该否定前提。即以前提为 p，某种命题为 S，则先令下式成立：

$$p \rightarrow (S \cdot \sim S) \qquad (5)$$

（5）式的后件（S·~S）是矛盾命题。否定这个矛盾命题，取（5）式的对偶，则为：

$$\sim (S \cdot \sim S) \rightarrow \sim p \qquad (6)$$

于是，前提 p 就被否定。这就是龙树的论证方法。

实际上龙树也使用了各式各样的论证方法。不过这些方法都是用来证明（5）式的方法。如果我们把这一认识放在心头，就不至于眩惑于他的论证方法的多样性，而获得明确的结果。但是他的证明中也有许多错误，有时也有无意义的证明方式。因此，在这里，我们只打算简单谈他的一些在逻辑上妥当的论证方法。

（三）因果的矛盾

《中论》二十第二十偈用下述理由来论证因果关系的不成立：

> 如果因与果是同一的，则产生的东西（能生）与被产生的东西（所生）成为一个。如果因与果是有分别的，则因与非因相等。[①]

[①] 《中论》原文："若因果是一，生及所生一。若因果是异，因则同非因。"——译者

试对此加以分析。所谓"因与果同一",是指"一个东西,如 a 既是因,又是果",所以这可以看作以下的联言命题:

$$因(a)\cdot 果(a) \quad (7)$$

同样地,"产生的东西(能生)与被产生的东西(所生)成为一个"也就成为:

$$能生(a)\cdot 所生(a) \quad (8)$$

因此,上面所引的偈的前半部分就成为:

$$[因(a)\cdot 果(a)]\rightarrow[能生(a)\cdot 所生(a)] \quad (9)$$

但是,从文意来看,可以加上下述主张:"能生(产生的东西)与所生(被产生的东西)不成为一个。"即:

$$\sim[能生(a)\cdot 所生(a)] \quad (10)$$

由(9)式和(10)式,据形式逻辑的否定后件的推理式,则:

$$\sim[因(a)\cdot 果(a)] \quad (11)$$

即"因与果不是同一的"。并且偈的后半部分,就是指:"如果因与果不是同一的,则因与非因相等。"而"因与果不是同一的"即"a 是因,b 是果,并且 a 和 b 不相等",这可以书写为:

$$[因(a)\cdot 果(b)\cdot(a\neq b)] \quad (12)$$

这就是"因与非因相等"。为此,由(12)式据命题逻辑法则,可以认为:

$$[因(a)·果(b)·(a\neq b)]\to 因(a) \quad (13)$$

再据文意，应该承认"跟果不相等的东西不能成为因"的命题。这个命题为：

$$[果(b)·(a\neq b)]\to 非因(a) \quad (14)$$

将（13）和（14）式合并，即：

$$[因(a)·果(b)·(a\neq b)]\to[因(a)·非因(a)] \quad (15)$$

这是偈的后半部分的主张。但是，据偈的前半部分，"因与果不是同一的"，即由于（11）式成立，（12）式当然也成立。因此，由（12）式和（15）式，据肯定前件的推理式，可以导出：

$$因(a)·非因(a) \quad (16)$$

此式是偈的结论（"因与非因相等"）；并且此式由于有"a是因并且又不是因"这样的意义，所以很明显是矛盾的。用印度逻辑学的用语来说，这叫乍自语相违。即因和果不管是如（7）式是同一的，或者是如（12）式是别异的，都会产生（16）式的矛盾。并且因和果或是同一的，或是别异的，不管选择哪一个都会陷于矛盾。因此，因果的概念不能从实体上来加以使用。这就是龙树的结论。

总之，这种论证方法，是凭借二难推理而总是引出矛盾，从而也否定前提这种形式的归谬法。但是，使用这种归谬法，因果的概念就会被舍去。而因果（缘起）是佛教的根本教理。龙树自己作为佛教徒，也是承认缘起说的，而在这里为什么又反驳、否定它呢？有什么反驳的根据呢？龙树认为，把因果的概念从实体上来加以应用时，就会产生谬误。由于对事物从实体上来加以考察，对于每一独立的事物而言，原因和结果或者同一或者别异。如果舍弃这种实体观，由所有事物都是相互依存的，所以"如果没有 a 也就没有 b，如果没有 b 也就没有 a"这种关系就成立了。而这种相互依存关系就是因果。因此，可以认为，因果关系即"如果 a 是 b 的因，则 b 是 a 的果，反过来说也成立"这种二项关系。如果把"a 是 b 的因"标记为：

$$因(a, b) \qquad (17)$$

把"b 是 a 的果"标记为：

$$果(b, a) \qquad (18)$$

则两种概念的关系为：

$$因(a, b) \equiv 果(b, a) \qquad (19)$$

这样，把因和果的概念作为相关的二项关系，则上述矛盾就不会产生。尤其是构成作为矛盾根源的（14）式，即：
〔果（b）·（a≠b）〕→非因（a）就不能成立。因为，如果 b 是 a 的果，则据（19）式，a 当然是 b 的因。龙树的意图是论证把事物作为孤立的实体来处理的错误。然而却成功地阐述了因果的学说。

（四）否定运动论

从《中论》二第一偈到第五偈叙述了否定运动和时间

概念的论证方法。试看其第一偈说：

> 已去的东西不存在过去。未去的东西也不存在过去。不同于已去的东西和未去的东西的现去的东西，同样也不存在过去。①

"已去"即"已经过去的东西"，不能用现在时说"过去"。同样地，"未去"即"尚未过去的东西"，也不能用现在时说"过去"。因此，"已去没有过去，未去也没有过去"。并且，独立于"已去"（"已经过去的东西"）和"未去"（"尚未过去的东西"）的"现去"，即"现在正在过去的东西"也不能考虑。由于是不同于过去和未来的现在，所以，过去这种运动也不存在。而如果不存在"过去这种运动"，则"现在正在过去的东西"也不能存在。因此，"现去"也不存在，过去这种运动在哪里也不存在。然而，运动不存在这一点，是违反现实经验的（现量相违）。所以，龙树认为在前提中存在着错误。

这种否定运动的论证方法，跟古希腊芝诺的悖论类似。正如梶山雄一所说："芝诺的说法是关于位置移动的

---

① 《中论》原文："已去无有去，未去亦无去。离已去未去，去时亦无去。"——译者

悖论，而〔龙树的说法〕是指'所过去的东西'与'过去的运动'这两个概念间的关系。"①即芝诺是探求存在论上的问题，而龙树是在对认识进行批判时所做的反驳。这种反驳指出，由于对运动的东西和运动，过去、现在和未来等诸概念，做孤立的、从实体上分离开来的考察，所以，当试图把它们结合起来时，便产生矛盾。因此，如果不对它们做孤立的、从实体上的考察，而从相互依存的相关概念上来处理，就会消除矛盾。这就是龙树的潜在的主张。

（五）一切都是通向中道的一个阶段

龙树使用"无限溯及"和"循环论法"反驳实体观，归根结底都是应用归谬法。这种论证方法的形式是：如果把实体观作为前提加以肯定，就会产生矛盾或无意义的结论。因此，这种前提是不成立的。

借助这种论证方法破斥俗谛的实体观，同时在反面就是肯定相对观，这里否定和肯定不可分地联结在一起。这就是中道。而在这个阶段，还是执着于言说，没有达到解脱的直接体验。因此，把这种凭借言说的否定再加以否定，就需要脱离对于言说的执着。这是第二阶段的否定，是被叫作"空亦复空"的二重否定。

通过这第二阶段的否定，舍弃言说的绝对化，而复归

---

① 《佛教思想》3，第90页。

于解脱的体验。否定言说的绝对化，同时就是肯定言说的相对化。这是假名之说。上述的中道，在从属于言说的限度内，是作为假名的中道。真正的中道，是关于体验的，它通过言说的绝对化的否定和相对的言说（假名）的肯定这两者的结合而获得。从《中论》中所见的龙树的无尽无休的反驳，归根结底都是用来复归于这种中道的一个阶段。后人正是站在龙树所已经达到的终点，而开始新的思索的。

四、世亲的唯识辩证法

（一）唯识思想（佛教心理学）的完成

在龙树以后的多样的佛教思想中，世亲的《唯识三十颂》具有代表性的意义。现拟概观其中所表达的辩证法。

世亲是比龙树大约晚二百年的人物。他出生于北印度，与龙树正好相反。世亲初学小乘佛教，后为兄无著所感化，改学大乘佛教，对因明（逻辑学）等也有很深研究，并成为唯识思想的完成者。

所谓唯识思想，是研究解脱心理的佛教心理学。解脱作为当时最为关注的事，对其进行心理的研究，从很古的时候就开始了。对这种研究进行整理，最初建立系统心理学说的，是《解深密经》。在此经中，阿赖耶识及其三相说开始被提出。阿赖耶识是藏译和汉译，指作为一切心理现象基础的无意识的心理能力。这与弗洛伊德精神分析学的"无意识"有类似的一面。凭借这种无意识的心理能力，为省悟和迷惑提供共同的基础。

接着在《入楞伽经》中，阿赖耶识的三相说被变为三性说，对其加以详论，进而在阿赖耶识之下又加上末那识，建立了所谓八识说。所谓八识，即五感的五识和作为五识的统觉的意识（第六识），作为自我意识的末那识（第七识），以及作为基础的无意识的能力的阿赖耶识（第八识）。到此唯识说的骨架算是初具规模，进而对其做理论上的整理并加以完成的，是弥勒、无著和世亲。

（二）阿赖耶识（无意识流）和迷惑

唯识说的根本，在于把人类的迷惑（烦恼）和省悟（解脱）两种心理作用，用阿赖耶识这种无意识的心理能力来加以统一说明。

在《解深密经》中也已经把阿赖耶识形容为"相似于瀑流"，在《唯识三十颂》中也同样有"恒转如瀑流"。由此看来，这就像威廉·詹姆斯的"意识流"一样。但由于阿赖耶识本身是作为一切意识现象基础的无意识的东西，所以毋宁称之为"无意识流"。

阿赖耶识把过去的一切经验以种子的形式含藏着，并对现在的意识起作用。因此，现在的意识现象经常受过去的影响，而现在的意识现象又以种子的形式在无意识的阿赖耶识中蓄积着,并对将来的意识现象再给予影响。这样,意识现象通过阿赖耶识和意识现象的相互作用而不断变化着。因此,实体的东西在哪里也不存在。如果判断在哪里有不变的恒常实体,在这种判断和现实间就会产生矛盾而感到苦恼。这是被叫作烦恼的迷惑[1]。

这种迷惑,对感觉说是苦恼,对理性说是实体化的判断。由于这是错误的判断,所以被称为妄分别[2]。因此,为了除去苦恼,到达于安心立命的心境,首先就应该否定妄分别,否定实体的观察方式。否定这种妄分别,认识无实体的唯识性的阶段,是"三自性、三无性、唯识性"的辩证法。因此,这是由妄分别达于真正智慧的阶段和过程,与此同时,也是智慧的形式本身。

(三)三自性的辩证法

所谓自性,就是实体或本性。三自性就是三种本性观。即分别性、依他性和真实性三种[3]。

1. 所谓分别性,是妄分别的基本形态,是把事物孤立地从实体上来观察的判断。这是把不存在的东西作为实体来加以判断。

---

[1] 参见《唯识三十颂》六。
[2] 参见《唯识三十颂》十七、二十。
[3] 参见《唯识三十颂》二十、二十一。

2. 所谓依他性，是上述妄分别不是对自立的东西，而是对缘起的、依他而存在的东西加以判断。这种判断，是把事物看作在实体上存在的妄分别，是凭借思维的判断作用（能分别）而成立的。因此，妄分别不是孤立的，是凭借与能分别的相互关联、相互依存而成立的。这是依他性的意义。

3. 当构成上述依他性的判断时，就可以离于妄分别而否定实体观，并肯定相互依存的状态，这种否定和肯定的综合是真实性的判断。这时，由于依他性不是独立的东西，而是作为所分别的东西（所分别）和分别的东西（能分别）之间的相互依存而存在的，所以应该否定依他性的独立性。通过这种否定，由依他性向真实性推移。

这样，如果分别性即迷惑本身，经过依他性而达于真实性，这已经是省悟。因此，由迷惑到省悟的推移，构成三阶段的辩证法。即分别性是正，依他性作为其否定是反，真实性是两者之合。但是在真实性中，正和反发生逆转，分别性被否定，依他性被肯定。在黑格尔那里，合作为综合判断，展开了既不同于正，又不同于反的新的认识内容。而在世亲的唯识论那里，由于是"分别性的否定即依他性的肯定"这种形式的判断，所以什么新的内容都没有增添，而只是把与迷惑相同的内容变换观察方式来加以看待。因此，唯识的辩证法，不是认识内容的辩证法，而是认识形式的辩证法。这种估价也适用了龙树的《中论》以及佛教的一切形式的辩证法。

黑格尔的辩证法，是阐述认识内容展开过程的过程辩证法。相反，唯识的辩证法，也可以说是追寻认识形式的变化阶段的阶段的辩证法。这不是创造新的认识内容的工作，而是转换对同一认识内容（现实界）的观察方式。这个特征，在下述"三无性"的阶段，更为明显。

（四）三无性的辩证法

所谓三自性，是从迷惑（妄分别）到省悟（智慧）推移的三阶段的样式。把三自性再换一个角度重新认识，是三无性。三自性由分别性的肯定、依他性的肯定、真实性的肯定这三个肯定判断构成。而三无性是对这三者的否定，即相无性、生无性、胜义无性这三阶段[①]。

1. 相无性。分别性是判断在事物中存在实体。可是，由于事物是依他性的，所以并不存在实体。这样，肯定分别性的依他性的实质，而否定实体，就是相无性。因此，这是对于分别性的否定判断。

2. 生无性。相无性是分别性的否定，依他性的肯定。然而，其依他性也是作为分别的东西（能分别）和被分别的东西（所分别）间的相互依存而成立的。依他性本身并

---

① 参见《唯识三十颂》二十三、二十四、二十五。

不是作为独立于分别性的实体而产生的，即不是自然生。这就叫作生无性。总之，这是把依他性作为相对于分别性的相依的东西来加以承认，而作为实体加以否定。

3．胜义无性。作为分别性和依他性综合的真实性，并不是作为独立于分别性和依他性的实体来加以承认。因此，作为前两个阶段的综合，在依存于它们的限度内，承认真实性，但却否定其实体性，这就是胜义无性。

这样，三无性是三自性的否定方面。同一件事，从肯定方面看，是三自性。从否定方面看，就是三无性。可是，两者并不只是同一事物的肯定面和否定面的并行，而是不可分地联结在一起构成相依关系。即：

第一，分别性的否定，是相无性。与此同时，是依他性的肯定。

第二，依他性的否定，是生无性。与此同时，是真实性的肯定。

第三，真实性的否定，是胜义无性。与此同时，是唯识性的肯定。

这样一来，就达到了作为辩证法的最终阶段的唯识性，省悟就完成了。

（五）唯识性的辩证法

胜义无性是真实性的否定的表达，同时，承认一切都是识的相互作用。这就是唯识性[①]。所谓识也译为了别，与分别同义。因此，唯识性是指一切都是分别（判断）。但还不止于此。一切分别都是通过阿赖耶识的转变而生起的，而阿赖耶识是通过分别作用无意识化而蓄积起来的。

因此，所谓唯识性，是这样一种认识，即一切都不过是阿赖耶识和识（分别）的相互作用的无限继续而已。通过这种认识，实体概念被完全消灭，对于实体的固执也不存在，从而由固执产生的烦恼也就消失了[②]。因此，唯识的辩证法，就是解脱的达到和完成。

---

① 参见《三十颂》二十五。
② 参见《三十颂》三十。

第二章　中国佛教的逻辑思想

第一节　对现实的肯定

一、逻辑的位置

（一）因明的逻辑没有扎根

中国佛教来源于印度佛教，而它们的性质有相当的不同。在印度，逻辑极受重视。相反，在中国，实践比逻辑更受尊重。这是最大的不同。因此，在印度佛教内部，因明逻辑学高度发达。相反，在中国佛教中，不立文字式的禅，独特发达。不过，在中国，关于因明的文献，多数被翻译。在梵文原典几乎丧失净尽的现代，这些汉译的因明文献，成了佛教逻辑学上的宝贵资料。

然而，对于其汉译的因明，中国佛教徒的态度是不怎么积极的。慈恩大师的《因明入正理论疏》（以下简称《大疏》）等许多注释书也被撰写出来。可是其逻辑，并没有被完全看作是自己的东西。并且一到后世，其注释大部分已经散佚，而仅留下书名。现在尚存的极少。

对此，与例如《法华经》等的自由自在的解释，以及与据此确立的新思想相比较来看，可以推测，因明的逻辑，对于汉民族来说，似乎是怎么也难于做不同性质处理的东西。总之，因明的形式逻辑学，在中国佛教中，几乎是不具有重要意义的。

（二）独特辩证法的发达

与形式逻辑学不同，辩证逻辑在中国佛教中也非常发达。并且建立了在印度所没有的形态独特的辩证法。因为所谓辩证法，就是通过矛盾而展开的思维的规律，而从古代起就对社会的实践表示了强烈关心的汉民族，对于实践上的矛盾早就意识到了。在战国时代的《韩非子》中，就已经以明确的形式叙述了矛盾律，这就是一个证明。

这样，由于早就认识了矛盾的意义，所以汉民族不是孤立地从实体上来考察事物，而似乎是自古就养成了从相互关联上来进行思考的习惯。代表这种相互关联的思维方法的，是《易经》中所见的阴阳中和的思想。可以认为，这种思想的产生，也是起源于对社会实践的关心。无论如何，这是一种跟实体论相反的思维方法。

可见汉民族自古就培育了一种矛盾的观念和相互关联的思维方法。这可以看作是中国佛教辩证法发达的母胎。以下我们将概观在印度佛教中所没有看到的中国佛教的辩证法（可以说是肯定的非阶段的辩证法）的代表，即三论宗、天台宗和华严宗的思想。

二、破邪显正论：三论宗的辩证法

（一）相即说

三论宗是由嘉祥大师吉藏完成的宗派。该宗因《中论》《百论》和《十二门论》这三论而得名。这三论是传承龙树的思想。因此，三论宗以龙树思想的正统派为己任。而其教理，与龙树的《中论》一样，以反驳俗谛为重点，认为在其破邪的言说中自然而然地就有显正。并认为，如果俗谛的实体观被否定，就无须再行讨论，而可以通达于无碍的心境。在嘉祥大师的《三论玄义》中，对此有如下叙述：

〔空〕本对有病，是故说无。有病若消，空药亦废。

这是指，"空"的概念，只是用来破除俗谛的"有"（实体）的概念。因此，如果把有否定完毕，则空的概念也就消灭，空就不留痕迹。这里巧妙发挥了龙树空的思想的一个方面。

如果站在这个立场，所谓空，就是"……不是……"

这种否定的谓词（或叫联结词），而不构成主词。因此，如果否定主词，即主词消失，则否定本身也就消失。因为，否定是相对于主词的谓词，如果被否定的主词不存在，则否定自身也就不存在。所谓空的概念对"有病"，就是这个意思。

所谓"有病"，就是把主词实体化来看待导致的错误。空的概念，就是针对这种被实体化了的主词，说"这不是实体"，从而对它加以否定。因此，如果把空的概念放在主词的位置，对它作实体化看待，这就陷于与俗谛的有（实体）的学说完全同样的错误。所以三论宗集中精力来否定有，对空没有积极主张。如果肯定空，空成为主张，成为实体，成为有的一种，就会打搅自在的心境。如果不主张空，就自然而然地通达于不拘泥于有的实体观的无碍自在的心境。于是三论宗与反驳有的思想一样，对拘泥于空的思想，也予以排斥。其例子之一，是在《三论玄义》中非难成实宗。因为成实宗是空的宗派，存在着把空主词化、实体化的错误。三论宗的观点是：

即空观有，即有观空。

这是说明有的主词和空（否定）的谓词的相对性。如果没有主词，就没有谓词。如果没有谓词，就没有主词。《三论玄义》把这种相互依存的相对性，叫作"相即"或"并观"。这的确是条理井然的主张。然而在这里，有一点值得注意，即尽管有是被否定掉的东西，但作为被否定掉的东西，首先曾是必要的，而不只是被舍去的东西。

反驳有的立场，是通向解脱之道。但为了进行反驳，作为反驳对象的有的立场是必要的。有的立场是俗谛，是迷惑，是达到省悟的不可欠缺的条件。独立地承认有的立场，是迷惑本身，是难于被允许的。可是有作为否定的对象，或者作为相对于否定的谓词的主词，是必要的、不可欠缺的条件。所谓"即空观有"，就是这种意思。

关于空，也同样可以这样说。空是省悟的立场。但它并不是跟迷惑完全隔断。即迷惑有省悟。即有有空。即主词有谓词。由于作为省悟的空是否定的谓词，所以，没有被否定的主词，谓词就不能发生作用。所谓独立的空，独立的省悟，是不存在的。所谓"即有观空"，就是这种意思。

（二）变龙树的否定为肯定的辩证法

三论宗认为相即是必要的，要求"空有并观"[①]。在这里可以看到与印度佛教具有微妙不同的新辩证法的萌芽。在龙树那里，否定实体观，肯定缘起观，并建立了肯定

---

① 参见《玄义》，第54页。

和否定的中道的辩证法。可是，他并没有把实体观即有的立场作为必要条件来承认。他彻底否定了有的观点，而用肯定空即缘起的观点来取代。因此，龙树的思想不是空有并观。

龙树的空即缘起，是"有的否定＝缘起的肯定"；三论宗的空有并观和相即，是"有的否定"其自身的结构。"有的否定"是有和空（否定）的相即和并观。"有的否定"自身，具有有和空这两个相互矛盾的契机的相互依存的结构。因此，这是辩证法。与龙树否定有的否定辩证法不同，三论宗的辩证法认为有是空的必要条件，而并不只是否定的辩证法。这也可以叫作肯定的辩证法。

龙树和三论宗的这种不同，还可以从下面这一点来理解。《中论》中集聚了无尽无休的反驳，与此不同，《玄义》决不用龙树式的归谬法，毋宁说它把相当的力量倾注于空有相即的系统叙述。三论宗一向被视为龙树思想的正统派，但至少从逻辑上说，两者间有明显的不同。而这种不同也正是印度佛教与中国佛教的不同。

中国佛教是肯定现实的佛教。即使像禅宗这样的渗透着出家主义、背朝现实的宗派，结局遇到烦恼即站在菩萨立场，肯定现实。三论宗的相即说也是肯定现实的思想。即在作为被否定的对象的限度内，承认有的存在。

（三）二谛和中道说

相即和并观的辩证法，通过二谛和中道说就更为明了。二谛和中道都来自龙树的《中论》。不过三论宗对其概念的规定，是独特的。《玄义》说：

> 非真非俗名为体正，真之与俗目为用正。所以然者，诸法实相言亡虑绝，未曾真俗，故名之为体。……体绝名言，物无由悟。虽非有无，强说真俗，故名为用。

对此，如果加以整理来看，即：

1. 诸法实相（为直接体验所把握的现实世界）离于言说，是言亡虑绝，既不是真谛，也不是俗谛，而是非真非俗，可以把它叫作体，也可以叫作"绝待中"。

2. 为了说明离于言说的诸法实相，就要说真谛和俗谛。因此，真谛和俗谛都是属于言说（或名言）的。

那么，在言说中，什么是真谛？什么是俗谛呢？《玄义》中说：

> 以有世谛，是故不断。以第一义（真谛），是故不常。

或者：

> 以世谛故，说有是实。第一义故，说空是实。

如果对其加以整理，即：
3. 在言说中：
    3.1 所谓俗谛，是说不断，说有。
    3.2 所谓真谛，是说不常，说空。

因此，真俗二谛是有和空（无）的言说。把这个有无叫作"假"，叫作"成假中"，跟诸法实相的"绝待中"相对立。

在诸法实相和言说（假名）之间，有如下两种关系。首先：

> 体（诸法实相）绝名言。……强说真俗。[①]

其次：

> 不坏假名，而演实相。[②]

---

① 参见《玄义》。
② 参见《玄义》。

因此，诸法实相是凭借言说才能被表达的，而言说本身则不过是假定的东西。假定的言说即使不被弃，诸法的真实面貌（实相）也可以被表达。因此，在这里，假名作为假名是可以被肯定的，而决不是说"不立文字"式的将言说全部抛弃。在这里也可以看到肯定的辩证法的性质。如果把这种关系从逻辑上来加以分析，首先可以看到以下等式成立：

$$\text{"诸法是实相"} \equiv \text{"诸法离于言说"} \qquad (1)$$

这是"绝待中"。其次，若取（1）式的对偶，则成为：

$$\text{"诸法可以用语言表达"} \equiv \text{"诸法不是实相，是假名"} (2)$$

这是"成假中"。由于（1）式和（2）式存在对偶关系，所以，既是相互否定的，又是相等的，可以说是否定的相等关系。这样，由于实相和假名存在否定的相等关系，所以，假名是假，但却不是被舍去的。

关于假名中真俗二谛的关系，《玄义》说：

空宛然而有，故有名空有。
有宛然而空，故空名有空。

又说：

如因缘假有，目之为俗。然假有不可言其定有，假有不可言其定无。

对于空也是同样。

总之，俗谛的有不是绝对的有，只是跟真谛的空（无）相对的有。因此，正如前面相即、并观的部分所说的，如果没有空（无，否定），也就没有有。所以，有是"空有"，是"空的有"，是"相对于空的有"。同样，真谛的空，不是绝对的空，只是跟俗谛的有相对的空。因此，如果没有有，也就没有空。所以，空是"有空"，是"有的空"，是"相对于有的空"。于是，有和空是相即的，是相互依存的。

怎样从逻辑上来说明这种有和空的相即呢？如上所述，可以把有看作主词，把空看作否定的谓词。有可以作为被否定的主词来断定其存在，空可以作为否定的谓词来断定其存在。并且，如果没有主词，就没有谓词。如果没有谓词，也没有主词。所以，有和空是相等的，相互依存的。即下列等式成立：

"作为主词的有存在"≡"作为谓词的空（否定）存在"（3）

而作为其对偶，下列等式成立：

"作为主词的有不存在"≡"作为谓词的空（否定）不存在"（4）

由（3）式看来，有的存在，由于只是相对于作为谓词的空而被断定的，所以是"空有"。同样地，空的存在，由于只是相对于作为主词的有而被断定的,所以是"有空"。而由(4)式看来,"有不存在"就成为作为有的否定的空,"空不存在"就成为有的肯定。因此,空与有互相替换,却仍然保持相等。这就是指"有宛然而空","空宛然而有"。

这样,有和空相即成为中道。这是作为假名的中道,是"成假中"。这是"真或假"这种选言形式的中道。

那么为什么真俗二谛(有和空)是选言形式的综合呢?可以说,由于二者是相即的,所以应该并观。所谓并观,可以解释为选言。相即是用选言形式来加以综合的。

作为真俗二谛的选言综合的成假中的对偶,是作为绝待中的实相。这是非真非俗的。否定真俗的选言,自然就成为非真非俗这种形式的联言。因此,绝待中是否定真俗二谛的联言的综合。而这与肯定的选言的综合是对等的。即下列关系成立:

"假名是或真或俗" ≡ "实相是非真非俗"　　(5)

或者更正确地说,即:

("假名"="真或俗") ≡ ("实相"="非真非俗")(6)

这里,"假名""实相""真""俗"等都是作为表示集合的概念。并且,作为假名的选言综合的成假中和作为实相的否定联言的综合的绝待中是相等的。所以,"不坏假名,而演实相"的主张是成立的。

由这种分析可知,《三论玄义》的主张,确实是条理井然的,并且是假名的合理性和实相的非合理性相即的辩证法。

(四)肯定现实的非阶段的辩证法

三论宗的辩证法,是把合理性和非合理性作为相等的东西来加以否定的,所以它与龙树那种用合理性来破斥合理性的否定辩证法不同。即三论宗是对龙树思想有发展的继承。至少从逻辑上应该这样说。并且这种有发展的继承,是站在龙树反复反驳和否定之后所获得成果的基础上来展开认识的。

因此,龙树的思想,是用来否定俗谛,到达于理的真谛的阶段的辩证法。与此不同,三论宗是把俗谛和真谛,以及假名和实相,作为对同一事件所构成的认识形式来做非阶段的、同时的认定。可见三论宗的思想具有非阶段的辩证法的结构。这也是整个中国佛教的共同特征。龙树思想是否定的、阶段的辩证法,世亲的唯识论是肯定的、阶段的辩证法。与这些不同,三论宗及天台、华严甚至整个中国佛教,都是肯定的、非阶段的辩证法。这也许是表现了试图原封不动地承认现实的汉民族强烈的肯定现实的精神。

第二节　整体论的真理观

一、佛教的稳定

（一）独特的综合逻辑

天台宗依据于《法华经》，这在印度没有与它相当的宗派，确实是中国佛教独特的宗派。在天台宗中，有几位先行的名师，而使天台宗成为代表中国佛教的一大思想派别的，则是凭借智颢大师的力量。

天台建立了"五时八教"之说，把历来佛教的诸思想加以巧妙地分类批判。在其中，虽未免也有独断讥讽的一面，但把庞大的佛教思想体系加以统一整理，而确立自己学派观点的伟力，是值得称赞的。从此，佛教在中国得以稳定和发展。

若从逻辑上考察天台的思想，可见其中没有印度佛教中所具有的严密的形式逻辑，也没有如龙树《中论》中所运用的依据形式逻辑的锐利的反驳。由于它把历来各种佛教思想加以综合统一，因此可从中发现一种独特的综合逻辑。它是用有名的"三谛圆融"说，把矛盾对立的诸概念作为相互关联的整体来加以理解的思维方法，因此是一种辩证法。

不过，由于天台思想是一种纯粹的宗教思想，所以要割断其安心立命的宗教上的理想，从中抽出纯粹的逻辑是不可能的。这里，在推敲三谛的辩证法之前，应该先研讨作为其省悟内容的"一念三千"说。

（二）一念三千说

所谓三千，是全世界的意思。为什么把它叫作三千呢？对于每个东西来说，都各自有十种状态。这是把从地狱、饿鬼等开始而到菩萨、佛终结的十种心理阶段应用到一切事物。这十种心理状态名为十界。这十界中的各界，又分别各有十界，而成为百界。

为什么各界都有十界呢？因为，例如即使存在于地狱这种最低状态的事物，也存在着省悟的可能性，所以其中也可能包含着菩萨、佛的状态。而菩萨、佛这种高阶的心境，也包含着克服最低的地狱、饿鬼状态的痕迹。

而这百界中的各界，又包含着十如这十种范畴。所谓十如，即相、性、体、力等十种事物的存在方式。百界分别有十如即成千如。千如分别有过去、现在、未来三界。即构成三千世界。总之，每个事实的每个状态都内藏着全世界。因此，也可以把它叫作"十界互具"，尤其是对于人心而言时，可以叫作"一念三千"。智𫖮的著作《摩诃止观》说：

此三千在一念心。①

---

① 参见《摩诃止观》卷五上。

因此，既不是心在前，而世界由心产生，又不是世界在前，然后心来摹写它。即：

> 不言一心在前，一切法在后。亦不言一切法在前，一心在后。①

即认为，断言心比世界更占优位的唯心论，以及相反地，断言世界比心更占优位的唯物论的摹写说，都是不妥当的。在每一念中，都包含着全世界。在全世界中，都各自浸透着一念一心。即谓：

> 心是一切法，一切法是心。②

这就是心和世界的相互渗透、互具和相即。

（三）与单子论的类似和相异

莱布尼茨的单子论是西方哲学中与天台思想相类似的。所谓单子，是精神的原子，是具有意识作用的个体。它包含着从微小的意识（也可以说是无意识）开始，直到

---

① 参见《摩诃止观》卷五上。
② 参见《摩诃止观》卷五上。

明确认识一切的最高意识状态的连续推移阶段，恰好与每个心都包含十界相似。不过，莱布尼茨的单子意识，是从物质状态开始，也包含着逻辑的、科学的知识等；而天台的一念三千，最低的意识状态是地狱，最高的状态是佛，仅仅关注宗教的、道德的意识状态。

不过，单子在世界中，却是摹写全世界的镜子，这与天台的"心是一切法，一切法是心"的说法很相似。田村芳朗把这种结构解释为："一念的小世界和三千的大世界相即相关，就构成宇宙的全体世界。"① 这些话对于单子也同样适用。在这点上，两者的类似是明显的。然而，莱布尼茨的单子，是不灭的实体。而在天台的思想中，实体是根本不存在的。这是两者的根本不同。并且天台思想没有明确地把所谓一念或一心看作个别的观念。在这点上，与单子论作为多元论的代表不同，天台思想可以认为是一种一元论的体系。由于每个念或心都贯穿着普遍性，所以类属比个体更被看重。田村氏曾用"相即的一元论"这个名称来表示它的特征②。在这方面天台思想和单子论正好相反。

像单子论一样阐述个体优位说的，是与天台一起而作

---

① 《佛教的思想》卷五，第134页。
② 参见《佛教的思想》卷五，第37页。

为中国佛教双璧的华严思想。关于这一点，我打算在后面讨论。总之，一念三千说是说明个别和全体的相即，而不是讨论个别和个别的相即。这种相即的逻辑结构，被称为"三谛圆融"。不过，在考察它之前，有必要作为预备阶段先讨论其"次第的三观"的思想。

（四）次第的三观

空、假、中的三谛，已见于龙树的《中论》。在那里，所谓空，是否定俗谛的有，而对有（独立的实体）的否定等于对缘起（相互相关性）的肯定，所以说"缘起是空性"。并且这样说是言说，而诸法的实相是脱离言说的，所以肯定实相，就是对把言说看作真实这一点加以否定。但是，不把言说作为真实来加以断定，就是把言说作为假来加以断定。因此，"缘起是空性"就是假。这样，把缘起和空加以综合，把假和实相加以综合，就是《中论》中所说的中道。天台借助于空、假、中这三个概念，构成了相即的逻辑。其用语是来自《中论》，不过其意义已经与原意有相当的不同，已经为表达天台独特的逻辑而做出了改变。

天台为了用空、假、中的三概念来说明相即，提出了"次第的三观"和"圆顿的三观"（三谛圆融）这两种观点。

所谓"次第的三观"，是按照顺序观察空、假、中三谛的方法。这种观察方法是从假入空、从空入假、中道第一义谛的三观。①

1. 从假入空观。所谓"从假入空",是指生成彻悟假名,以便入空的言说。空是凭借言说(诠)而得以领会的。通过这种言说而领会空时,见空的同时,知道言说为假。因此,知空和假的观点,也可以叫"二谛观"。② 这相当于龙树的二谛说,不过是以观察空的方法为重点。高丽的谛观也把这种观点叫作"见真谛之理"。③ 所谓"真谛之理"就是作为离于言说的实柜的空。

2. 从空入假观。所谓"从空入假",是在一度入空,领会了空之后,为了说明其省悟的境地,而使用言说。这时,对于言说,"虽知其不为真却作为方便而暂时应用"④。于是,虽然知道言说不为真而为假的道理,却仍然应用它。因为不用言说反过来也会为空所束缚。即为了破除对于空的固执,要暂且应用言说。所以说:"为破空之病,却用假之法。"⑤ 谛观把这种观点叫"见俗谛"。⑥

所谓俗谛,就是龙树《中论》的二谛说所谓的俗谛,

---

① 参见《摩诃止观》卷三上。
② 参见《摩诃止观》卷三上。
③ 参见《天台四教仪》。
④ 《摩诃止观》卷五上。
⑤ 《摩诃止观》卷五上。
⑥ 参见《天台四教仪》。

是与"空"相反的"有"的立场,是与"实相"相反的"假名"的立场。然而,一度入"空"而再入于俗谛,并不是返回"有"的立场,而是为了防止把凭借第一阶段的"从假入空"而所能知的空实体化,暂时使用言说,把空的概念做再一次的否定。因此,这就是暂且使用言说,"观空空"①,做二重否定。对于第一阶段的"从假入空",先把有的立场作为假加以否定,然后对于第二阶段的"从空入假",把第一个否定作为非实体而再度否定。

3. 中道第一义谛观。中道第一义谛,就是通过以上的二重否定,断定假和空的相即不离。所谓中道,就是把假和谛作为相即的东西来加以综合。所谓第一义谛就是真谛。在第二阶段,由于没有达到中道的综合,所以还没有构成最终的认识。通过这第三阶段的中道观,开始综合一切,达到最终的认识,所以把它叫作真谛、第一义谛。那么,这种中道观是怎样的观察方法呢?对此,智颛进行了阐述。

(五)天台所谓的中道观

《摩诃止观》卷三上说:

中道第一义观者,前〔通过从假入空而〕观假空,

---

① 《摩诃止观》卷五上。

是空生死。后〔通过从空入假而〕观空空，是空涅槃，双遮二边。是名二空观，为方便道，得会中道。又初观〔从假入空〕用空，后观〔从空入假〕用假。是为双存方便，入中道时，能双照二谛〔空和假〕。

在这段文字的开头，依据从假入空观，提出"空生死"，就是否定生死等一切现象具有实体的思维方式（有的立场），而判断这些现象为无实体。因此，所谓"观假空"，就是"判断现象为无实体"。这里"假"可以理解为"现象"。

接着是"从空入假"，这个阶段是"观空空"。意思是，在前一段判断"现象为无实体"，应该判断为，其无实体这件事情，也并不是具有独立的实体性的东西，只不过是用来否定现象的实体性的谓词。这就是"观空空"。空的概念是否定的谓词，不是实体性的主词。这就是所谓"空空"。因此，这并不是多么神秘的东西，而是很合理的判断。这就是所谓"空涅槃"。

把第一阶段的空（"现象不是实体"的判断）和第二阶段的空的空（"不是实体这件事情也不是实体"的判断）这两种否定判断（二空观）加以综合，便是中道。而这种综合又分为以下两个阶段来进行。

第一，通过假（现象）的实体性的否定（空）和其否定的实体性的否定（空的空），把两种实体观（现象的实体观和否定的实体观即虚无观）一起否定。这就是所谓"双遮二边"（两种实体观）。

第二，实体性的否定（空）就是把现象作为缘起时现象来加以肯定，并且否定的否定（空的空）就是把实体的否定（虚无）也加以否定，也就是肯定作为对于现象的谓词的否定。这样，就是肯定缘起的现象（假）和谓词的否定（空）这两个概念（二谛）。这就是所谓"双照二谛"。因此，双遮（两种否定）和双照（两种肯定）是相等的。通过这种相等，把肯定和否定相即地加以综合，就是中道。

（六）相当于正反合的阶段的辩证法

天台的这种思维方法，很明显地是辩证法，并且是构成阶段的辩证法，"次第的三观"这一名称本身就表明了这一点。所谓"次第"是指阶段，并且构成这种阶段的"三观"，相当于辩证法的三命题正、反、合。然而这与黑格尔辩证法的正、反、合，多少具有不同的结构。在黑格尔那里，正命题的否定是反，反命题的否定是合，在合中包含着正和反的要素。但是，对天台的次第的三谛来说，在第一阶段的正（从假入空）中，已经有否定（空）和肯定（假）。同样地，在第二阶段的反（从空入假）中，也已经有否定（空的空）和肯定（假的空）。而对于第三个综合的阶段（中道）来说，则把前两个阶段的肯定

（假）和否定（空）作为相即相关的东西来加以断定。因此，在第三个阶段（中道）中所综合的，并不是第一阶段和第二阶段的两个命题，而是在这个命题中所包含的否定（空）和肯定（假）这两个概念。

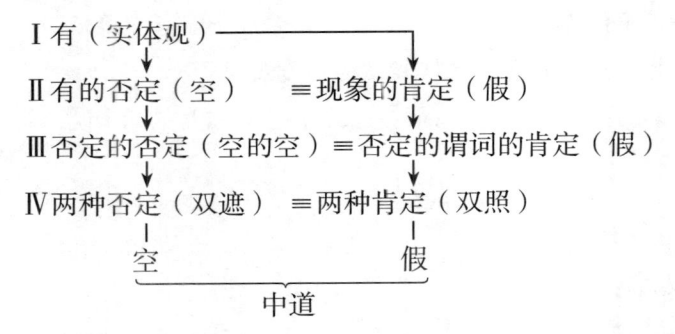

```
Ⅰ 有（实体观）─────┐
       ↓          ↓
Ⅱ 有的否定（空）   ≡ 现象的肯定（假）
       ↓              ↓
Ⅲ 否定的否定（空的空）≡ 否定的谓词的肯定（假）
       ↓              ↓
Ⅳ 两种否定（双遮）  ≡ 两种肯定（双照）
       ↓              ↓
       空             假
       └──────┬───────┘
            中道
```

以上论述可以用这个图式来加以概观，次第的三观就具有这个图式所表示的结构。

二、走向非合理的解脱：圆顿三谛

（一）超越次第的三观

次第的三观近似于三论宗的辩证法。在天台宗看来，华严宗的思想也相当于此。天台宗自身的观点在于超越次第的三观，而提出"圆顿三观"或"三谛圆融"的思想。次第的三观是阶段辩证法，而作为天台自身观点的圆顿三谛，是非阶段的辩证法。在这里的确可以看到中国佛教独特的逻辑。

在次第的三观的各阶段中,已经包含着肯定判断(假)和否定判断(空)的相等。把它作为整体,来同时地、非阶段地把握,是"圆顿三谛"认识方法的要求。圆顿三谛中空、假、中三概念的相即的脉络,就是"三谛圆融"的逻辑。

(二)对现实真实相状的一度观察

关于"圆顿"一词的意义,用天台自身的话来说,即:

圆顿初后不二。①

又说:

圆顿者初缘实相,造境即中(中道),无不真实。②

"圆顿"是指不分"初后"这样的阶段,"由初"一度观察现实的实相(真实相状)。"缘实相"的"缘",是以实相为对象来观察。作为这样来观察的对象的实相,是"境"。

因此,所谓"圆顿三谛",并不只是省悟的直接体验,而是把实相对象化来把握的认识。当用这种整体的圆顿的认识来做综合的(中道的)观察时,被对象化了的世

---

① 《摩诃止观》卷一上。
② 《摩诃止观》卷一上。

界（境）可以说都是真实的。那么，虚假就是通过非综合的（中道的）认识而产生的。把事物从相互关联上来做综合观察时，错误就可以避免。而把此事物与彼事物割裂开来，做孤立观察时，错误就会发生。

天台的这种真假说，作为一种整体论的真理观，即使在现代，也是可以充分通用的主张。

于是，"圆顿"可以说是具有"圆"和"顿"这两个特性的认识方法。

（三）"圆"和"顿"的认识方法

"顿"的特性，是非阶段性地、同时性地观察事物。因此，这是与推理相反的直观性的认识方法。不过这不是感觉、知觉或体验这种脱离言说的直观，而是可以叫作运用空、假、中这些概念来观察世界的概念的直观。使用概念，就是使用言说。而更重要的是，运用概念的认识，具体说来，就是主词和谓词或主词和宾词这种形式的认识，即是判断，是分别。因此，所谓概念的直观，就是指判断的直观，分别的直观。

然而，这种直观，也并不是不存在任何疑问。在印度佛教中，因明逻辑学的集大成者陈那就说"现量是除分别"，认为现量即直观和分别是不能两立的。在西方，批判哲学的完成者康德也说"所谓直观的智慧，在人类的能力中是不存在的"。所谓直观的智慧，是包含分别（判断）的直观，就是这里所谓分别的直观。康德是不承认这种能力的。

可是，就是在西方，也有人肯定直观的智慧。如斯宾诺莎就把直观智慧看作最高的认识方法。事实上，再从我们的经验来说，由于推理是需要时间的，所以它不能包含在同时性认识的直观中。而包含判断的直观，并不是不可能的。因为判断是概念和概念的结合，这种结合可以是同时性的。要是书写和述说，在主词概念和谓词概念间，不能不赋予时间上的先后顺序。可是要对其进行理解和思考，主词概念和谓词概念必须是同时性的。正由于是同时性的，判断才能成立。在"这朵花是红花"的判断中，"这朵花"的主词和"红花"的谓词无所谓孰先孰后，这个判断才真。因此，由于作为同时性的认识的直观和判断未必是势不两立的，所以可以说，判断的直观，或分别的直观，或直观的智慧是有可能存在的。于是，天台的"圆顿"的"顿"，并不是无意义的。

"圆"的特性，是把诸概念在相互关联的形式上，从整体上来加以使用的认识。不是把各概念同其他概念割裂开来孤立地使用，而是在相互关联的脉络的整体中来使用各概念。毋庸置疑，这是非常合理的。

由于具有以上两种特性，"圆顿"的认识可以解释为整体性的直观的智慧。

（四）三谛圆融和一即三、三即一

所谓"三谛圆顿"，是把空、假、中三概念整体他、直观地使用时所构成的认识。不是把三个概念分别孤立地使用，而是作为保持相互关联的整体组织来使用。这个整体的组织就是"三谛圆融"。这是对已经达到弄清"次第三观"的程度的组织，来做非次第性的同时性的把握。

在次第的三观中，第一阶段的从假入空，是空。在这个空中，以"实体观的否定（空）≡现象的肯定（假）"的形式，包含了空和假两个概念。而且两者以相等的形式相即和被综合。而这个综合，正是中（中道）。因此，在第一阶段的空中，就已经包含了空、假、中的三谛。

同样地，第二阶段的从空入假，是假。在这个假中，以"否定的否定（空的空）≡否定的谓词的肯定（假）"的形式，包含了空和假两概念。而且两者以相等的形式相即和被综合。而这个综合，是中。因此，在第二个阶段的假中，也包含了空、假、中的三谛。

其次，在第三阶段的中道第一义谛观中，第一阶段和第二阶段的两种空（双遮）和两种假（双照），以相等的形式被综合。因此，由于双遮是空，双照是假，两者的综合是中，所以在中道中也包含了空、假、中的三谛。

可见，在次第三观的各阶段中，空也好，假也好，中也好，其中都有三谛。如果对此做非次第性的、同时性的观察，则三谛的各谛中，都同时内含了另外的三谛。即三谛就构成了相互包含和被包含的关系。这就叫作"圆融"。所谓"圆"是整体。所谓"融"是相互包含和被包含。由于三谛分别相互包含和被包含，而构成不可分的整体性的组织，这就是三谛圆融。天台首先说：

圆顿止观之相，……一谛即三谛。①

"止观"的"止"是禅定的体验，"观"是认识。由于体验和认识经常不可分地联结在一起，所以把两者合起来，就叫作止观。而在圆融的止观中，由于空、假、中的三谛，每一谛都各包含三谛，所以就说"一谛即三谛"。这样，由于三谛存在着相互包含、被包含的关系，所以又说：

若观三即一，则现一即三。②

"三即一"和"一即三"，是指三谛的包含、被包含关系。"三即一"是说的三谛相聚，而组织为一个整体。"一即三"是说各谛包含三谛。这样，"三即一、一即三"的关

---

① 《摩诃止观》卷一上。
② 《摩诃止观》卷一上。

系，就完全是合逻辑的、合理的。

不过，这不只是认识，其中必然伴随着安心立命的体验。从体验这方面来说，就是所谓"不可思议"①。这是说体验的非合理性，不是说思考的不合理性。凭借着合理的三谛圆融的思辨，可以获得非合理的解脱的体验。天台思想并不如后世的禅和念佛那样是无视思辨的。

三、极端的肯定

（一）非阶段的辩证法的结构

在圆顿的直观智慧中，三谛圆融，构成相即的整体。这可以说具有一种辩证法的结构。因为，互相矛盾的概念，互相不可分地关联着，构成思辨的整体性的脉络。不过，由于这是同时性的直观的脉络，所以不是如次第的三观那样的阶段辩证法。这是非阶段的辩证法。对此，天台说：

一切法即空、即假、即中。……三谛圆修，……直入中道。②

---

① 《摩诃止观》卷一上。
② 《摩诃止观》卷一上。

这里，即空、即假、即中的"即"可以说是"不二"的意思。① 所谓"不二"，是指不可分。因此，所谓"即空、即假、即中"，就是空、假、中三谛不可分地关联着，构成一个整体的意思。把这个不可分的整体作为整体来把握，就是"三谛圆修"。这样，三谛不是阶段性的，而应看作构成同时性的不可分的整体，这就是非阶段的辩证法。

所谓辩证法，本来是指通过对话，指出对方的矛盾，加以反驳，从而推进认识的方法。当它脱离对话，成为思辨的方法之后，依然是把以矛盾为中介而推进思辨作为辩证法的特性。因此，辩证法的本来面目是过程的或阶段的。于是把天台的三谛圆融这种非阶段的逻辑叫作辩证法，多少会感到某些抵触。不过，在日本，如称西田几多郎的思辨体系为绝对辩证法。尽管它是非阶段的、非过程的体系，也叫作辩证法。与此同样，尽管天台的思想是非阶段的，也可以把它叫作辩证法。

这种三谛圆融的非阶段的辩证法可以整理为如下所示：

1. 空（否定）——三谛共破。
   1.1 空——破有。
   1.2 假——立空。
   1.3 中——空、假相等。

---

① 参见《天台四教仪》。

2. 假（肯定）——三谛共立。

    2.1　空——破空。

    2.2　假——立有（作为假）。

    2.3　中——空、假相等。

3. 中（综合）——三谛共等。

    3.1　空——双遮（共破）二边（空、假）。

    3.2　假——双照（共立）二边（空、假）。

    3.3　中——双遮、双照相等。

（二）致命的弱点：否定性的缺乏

从上面的整理一看便知，三谛圆融是三次重复正、反、合三者，因此在这点上，可以看作与黑格尔的辩证法酷似。不过，黑格尔的辩证法是表示认识内容展开的过程的辩证法。与此不同，天台思想第一不是关于认识内容，而是关于认识方式的辩证法。这一点，与其他的佛教思想一样。第二，天台思想是非过程的、非阶段的，所以与黑格尔的过程辩证法不同，与其他佛教思想的阶段辩证法也不同。它不是阶段的，却是圆融的。空、假、中不仅是同时性的、并列的，并且是互相渗透的，部分是整体，整体是部分，从而构成非常独特的体系。因此，从部分中可以见整体，从整体中可以见部分。这不是阶段性的，而是同时性的、直观性的观察。在天台思想中，虽然有空这个否定的要素，但是并没有充分地发挥否定的作用。否定由于同时等于肯定，所以并不是通过否定来进行批判和克服，更不是通过否定来进行改革。因此，天台思想是极端肯定的辩证法。

这是无批判地承认现实、接受一切的态度——承认一切、容许一切的态度。其中有什么也不能违逆的消极的无碍自在。也存在着对积极的东西什么都不能保持的危险。在积极的行动中，经常需要若干否定和斗争，而在天台的肯定的、非阶段的辩证法中，却缺乏这种强烈的否定性。

这是天台思想的一个致命的弱点。肯定一切，这可能是出于大方、开阔的精神，同时这也像昏睡一样是无力的。黑格尔说，精神的力量在于否定。否定力的减弱也是精神的衰颓。而天台思想减弱这种否定的力量，是由于试图对一切做圆顿的观察。圆顿的观察，是认识的终结和完成。然而同时也是行动的停止，生活力的丧失。

后世天台思想在日本以外急速地失去其影响力，其部分原因就在于过分强调这种肯定的态度。天台宗牺牲否定的行动力，是为了实现安心立命的宗教理想。

第三节　多样性的统一

一、华严的思想

（一）三种法界说

华严宗原是依据《华严经》而建立的宗派。但是，在印度并没有叫作华严宗的独立的宗派。因此，这是中国佛教独特的宗派。华严宗的思想虽然来自《华严经》，但不拘泥于《华严经》，也完全可以构成独自新的思想体系。因此，这里所谓"华严的辩证法"并不是印度撰述的《华严经》的辩证法，而纯粹是中国华严宗的辩证法。

华严宗由半传说式的人物杜顺创始，而由唐初贤首大师法藏完成。杜顺与天台的智顗（智者大师）一起，是思辨之雄。华严宗以他为顶点构成中国佛教的支配思想。不过与天台一样，由于过分偏于思辨，所以华严思想也失去了现实的力量，并为不久新兴的以实践为本位的禅宗所吸收。

华严宗作为宗派就这样衰灭了。不过，其思想至今还活跃在禅宗中，并一直保持其影响力。所以把它作为东方思想的一个代表，是没有问题的。其思想被称为"四种法界"。其中前三种相当于其他派的思想，所以要说华严独自的思想，则是第四种"事事无碍法界"之说。要讨论"华严的辩证法"，应该一起考察"四种法界"之说。

四种法界之说发源于杜顺（法顺）的"法界观门"。其现存的书有中唐的圭峰宗密的注。在其注解标题"法界"这一语词时，说成"四种法界"，并列举了事法界、理法界、理事无碍法界、事事无碍法界四种[①]。不过，在杜

---

① 参见《大正藏》四十五，第484页。

顺的本文中，没有四种法界这一说法，而是列举三种法界来代替这里的四种。所举三种法界是：真空第一，理事无碍第二，周遍含容第三。若据宗密的注，真空第一是理法界，理事无碍第二是理事无碍法界，周遍含容第三是事事无碍法界。在杜顺的说法中没有第一种事法界。这是由于事法界是常识的表象的世界，即迷妄的状态，在省悟中未被列举，而被去掉了。[①]

下面以杜顺的说法为基础，依据宗密的注，来概观四种法界。

（二）事法界

所谓法界，可解释为世界的意思。所谓事法界，就是把事物从各有差别的角度来观察的世界。因此，这是迷妄的心对应的世界，是常识的表象的世界。用唯识的话来说，相当于分别性。其特征在于只看诸事物的多样的差别，而不看其统一性。

（三）理法界（真空第一）

事法界的无限多样性，由其本性来说，一切也都是"同一性"。其同一性叫作理法界。这是指世界的统一性的方面。其同一性或统一性在哪里呢？由于这是指一切事物的无差别同一，所以不外乎是指纯粹的否定。于是可以

---

① 参见《大正藏》四十五，第684页。

叫作"真空"。不过这个"真空"，并不是指在物理学上所说的什么也不存在的空间。什么也不存在的空间，是脱离事物的空，可以叫"断空"。真空不是这种断空，是对于把经验的分别世界的事物，作为各自孤立的实体来考察的否定。由于佛教把实体叫作"我"，所以真空就是指无我。就是说，一切事物在无实体这点上是无差别同一的。这就是所谓真空，就是所谓理法界。

这样强调无实体性的否定的方面，是般若系统的思想。上述龙树的《中论》及后来三论宗的思想，也是属于广义的般若系统。所以从华严的立场来说，这都是理法界之说。不过，如上所述，在《中论》中，说事物是无实体的，等于说事物是依他的。因此，真空的理法界，与无实体性（无我）这否定的一面一起，也具有肯定依他性（缘起）这一面。由于依他缘起的理是贯穿万象的理，所以是理法界。

不过，由于运用真空和依他性，对理法界又增加了一个特征，即在理法界中制造了差别。但是，理法界的本质，在于与事法界的差别相反的无差别同一性。因此，如果不舍弃凭借真空和依他性这种言词来对差别的说明，就不能真正弄清理法界。于是理法界最终要舍弃一切言说，就是"非言论之所及"，是"言语道断"。即理法界是现象界的无差别同一性。用言说来表示它的场合，由否定方面说，是真空（无我）；从肯定方面说，是依他性（缘起）。若试图体验它，只有离开言说。

（四）理事无碍法界（理事无碍第二）

事法界是差别的世界，理法界是无差别同一的世界。而这两个世界并不是分别独立存在的。理法界是事法界诸现象中普遍的同一性，所以理法界不能独立于事法界而存在。没有事就没有理。而离开理的事，是只见差别的迷妄的世界，一旦由迷妄而觉悟，看到理法界时，就知道现象世界本是由统一的理（真空和依他性，或无我和缘起性）贯穿着的。所以，理凭借着事而存在，事凭借着理而存在。理和事相互为充分且必要条件，而不可分地结合为一体。

杜顺把这叫作"理和事熔融"，宗密叫作"事和理融和"。融这个词，容易解释为：两个东西融和，而构成无差别状态。这里的融意思不同，是指，二者既保持区别，相互对立，又相互成为不可缺少的条件而结合为一体。而把两者保持区别，相互对立，叫作"理和事非一"。把两者互为不可缺少的条件（必要条件）不可分地结为一体，叫作"事与理非异"。"非一非异"这种说法，听起来也总觉得有神秘主义的意味，但实际上决不是如此，而是极其理智的逻辑的概念规定。理和事的这种融和关系叫作"理事无碍"，存在这种关系的世界叫作"理事无碍法界"。

在这个理事无碍的世界，有一点很重要，即理的整体遍及于一切事中，同时，也包含于每一个事中。理遍及于一切事的世界，就是在每个事外有理，并且在每个事中有理。因此，理是事的"内在"和"外在"，是"内在即外在"。

在事的世界的整体中普遍存在的理，同时存在于每个事中。整体存在于部分中，部分存在于整体中。理的普遍性和事的个别性互相支撑。在普遍性的整体中有个别性，在每个个别性中有普遍性的整体。

这与一念三千或三即一、一即三这种天台的三谛圆融的说法极其近似。因此，理事无碍法界是相当于天台立场的境界，通常被看作最高的认识阶段。这可以与西方哲学相比较来看。如斯宾诺莎列举了三种认识方法。第一种认识，是对经验现象分别零散的认识，这正相当于事法界。第二种认识，是把握贯穿每个现象的普遍的因果之理，这正相当于理法界。而第三种认识，则举出在唯一绝对的自然中观察每个现象的直观智慧，由于这是于理中察事，所以相当于理事无碍法界。理事无碍法界与于理中察事一起，还要求于事中察理。斯宾诺莎的直观智慧只包含其前半部分。尽管如此，他把这第三种直观智慧看作最高的认识方法，这相当于把理事无碍法界看作最高存在方式的立场。

通常把理和事的这种相即当作最终的认识，而华严思想则更进一步，还要求认识事与事的相即无碍。

（五）事事无碍法界（周遍含容第三）

在上述理事无碍的认识中，理和事互为必要条件，不可分地结为一体。因此，个别存在于全体中的同时，全体也存在于个别中。个别存在于全体中，在理法界的阶段，也已经考察。而全体存在于个别中，在理事无碍法界也开始考察。不过，如果同一的理的全体包含于各个事物中，则所有个别事物就互相具有同一结构，互相一一对应。个别和个别通过互相一一对应，而互相包含对方，并互相为对方所包含。这个关系叫作"事事无碍"。

每个事和事互相区别、对立，又互相一一对应，互相包含、被包含，这叫作"无碍"。杜顺把这叫"周遍含容"。其意义是指一切互相包含一切。事事无碍是通过理融和事与事。因此，没有理事无碍，就没有事事无碍。不过，只停留于理事无碍，还不等于有事事无碍。以理事无碍为基础，并进一步超越它，才成立事事无碍。到理事无碍为止，天台宗也已经达到了。

然而，照华严看来，事事无碍是自己这个宗派才初次达到的智慧的最高阶段。即理和事的融和，或全体和个别的融和，是把每个个别事物的多样杂多统一起来，在此建立作为多样性统一的正确认识，以此消除基于谬误和无知的迷妄。不过这虽然是省悟，却仍是消极的。为了具有对现实世界施加影响的积极性，不能只看普遍的理法和个别事物的融和，还应该通过普遍的理来知晓个别和个别的关系。而这就需要了解事事无碍观。

二、事事无碍的认识

（一）四种法界的逻辑

四种法界已如上述。其逻辑结构也可以通过《法界观门》加以考察。

1. 事法界。事法界是把每个个别事物同其他事物区别开来而做孤立观察的世界。因此，这是只看个别事物的差别性，而完全无视个别与个别的同一性或共同性的观点。这里所看到的同一性只是个别事物自己本身的同一性，即只是自身同一性。这也叫"一中一"或"一摄一，一入一"等。

这可以看作与形式逻辑学中的"A 是 A"大致相同，因此是同一律。事法界的逻辑形式就是这种同一律。这涉及个别与个别的差别性和正反关系。"A 是 A"这种自我同一性（同一律），从反面说，是"A 不是非 A"这种差别性。两者只是把同一事项以肯定形式和否定形式来表达。不过，"A 不是非 A"这种差别性尽管是矛盾律，而《法界观门》却没有把它作为矛盾律来处理，只是作为差别性来处理。在这里，从形式逻辑学上看，有不充分之处。

事法界是把每个事物的自我同一性作为实体来假定的，因此把个别孤立起来，就与其他的个别不具有共同性，而只看到个别和个别的差别。而自我同一性的理法，对一切个别事物（每个事物）却是共同的。因此，一切个别就都具有共同性或同一性。这是第二的理法界。

2. 理法界。事法界是看到个别和个别的差别，相反，理法界是看到个别和个别的同一。其同一性或共同性，同样也具有肯定的表达和否定的表达两面。首先，由于这里否定事法界的实体观，所以就需要否定的表达。这就是"每个事物（是自我同一的）不是实体"的否定判断，这叫作空。做出与这个否定相等的肯定判断，就构成"一切个别的事物都是依他而存在的"这种依他性或缘起的主张。因此，在这里，空和缘起是相等的。而这不外是对同一理法的否定和肯定的两面表达。

这也叫"一切中一"或"一切摄一，一入一切"等。这些表达的意思是，遍及于一切的理法包含每个事物。从逻辑上说，普遍的谓词作为一切个别的主词的必要条件，是对一切都普遍有效的。

3. 理事无碍法界。理法界主张全体中有个别。而从个别方面看，应该说个别中有全体。从贯穿全体的理法而言，其内容不外是空（无实体性）和缘起（依他性）。而空和缘起作为称说个别事物的谓词，离开作为主词的个别事物，也就不存在。所谓"个别事物是无实体（空）"，表示没有个别事物的主词，就没有空的谓词。因此，在理法界的谓词的实体化、孤立化应该否定。谓词只有附着于主词才能存在。这一点应该是很清楚的。个别的主词是普遍的谓词的必要条件。

在这个意义上，理存在于事中，全体存在于个别中，是"一中一切"，是"一摄一切，一切入一"。即普遍的谓词（理、一切）只有通过附着于个别的主词（事、一）才能存在。同时，个别的主词只有通过对应于普遍的谓词才能存在。

因此，个别的主词（个别、事）和普遍的谓词（全体、理）互为对方的必要条件，并不可分地结合着。这就是理事无碍法界的逻辑结构。即在事法界，个别的主词被做孤立的、实体的处理。在理法界，普遍的谓词（空、缘起）被做孤立的、实体的处理。而理事无碍法界的认识把以上两者的实体化加以否定，断定个别的主词和普遍的谓词之间的不可分的结合。

4. 事事无碍法界。在理事无碍法界，理和事以谓词和主词的形式不可分地结为一体。由于其谓词（空或缘起）是普遍的谓词，所以是附着于一切个别的主词的。因此，一切个别的主词通过共有谓词而互相关联着。各个主词以共同的谓词为媒介而一一对应、调和。这也被称为

"一切中一切"和"一切摄一切，一切入一切"等。宗密的注对此做了如下说明：

> 当甲镜映照乙镜，在甲镜中构成乙镜的映像时，甲镜也入于乙镜，在乙镜中构成甲镜的映像。[①]

由于甲和乙相互一一对应，所以甲入于乙，乙入于甲。这样，一切就相互入于一切。

这也与奇数和偶数一一对应，相互构成映射相似。而奇数和偶数的对应，是由于两者一起与自然数列相对应。与此相同，事事无碍法界的个别和个别的对应、调和，只是以共同的理（共同的普遍的谓词）为媒介才能成立。因此，事事无碍是在理事无碍的基础上成立的认识。通过这种认识，个别和个别的差别性与个别同个别的同一性（共同性）构成相等。差别性和自我同一性的相等，在事法界的认识中已经成立，而这只是分别关于每一个主词才得以成立的。然而在事事无碍的认识中，主词和主词的差别性正是通过谓词的同一性而构成两者的相等。这是渗透着变化的不变式的认识。

---

① 《大正藏》四十五，第691页。宗密《注华严法界观门》原文："如东镜摄彼西镜，入我东镜中时，即我东镜便入彼西镜中去。"——译者

（二）本质是认识论

镜的譬喻跟莱布尼茨的单子论的论证方法有酷似之处。不仅如此，整个事事无碍的思想都与单子论非常相似。在莱布尼茨那里，个别事物（单子）是相互映照他物的镜子，是相互一一对应的。因此，个别事物是在自身中映照全宇宙的小宇宙。而个别事物和个别事物相互映照、一一对应，是由于各个个别事物映照唯一共同的神。即个别事物和个别事物以神这个共同的普遍者为媒介而对应、调和的。

这是莱布尼茨的单子论的要点，其结构与事事无碍之说有令人吃惊的相似之处。由上所述不难理解这一点。

更为有趣的是，如上所述，事法界、理法界、理事无碍法界这三个阶段，与斯宾诺莎的认识三阶段说若合符节。第四阶段的事事无碍法界与莱布尼茨的单子论酷似。而由达到了前三阶段的天台思想到第四阶段的华严思想的推移，则与由斯宾诺莎到莱布尼茨的推移，有相似之处。

不过，应该注意以下几点：

第一，莱布尼茨认为个别事物是被称为单子的实体，可是华严的"事"虽然是个别事物，却不被认为是什么实体。

第二，莱布尼茨的单子是精神的实体，是具有意识的东西。单子论归根结底是存在论。华严的思想乍看似乎是存在论，而本质却是认识论。从四种法界来说，似乎是可以理解为四种实在界，实际上是相对于四种观的现实世界的观察方法。一般说来，佛教思想即使在似乎具有存在论外表的场合，其本质却是认识论的。这是从初期佛教对认识进行批判的思想开始的传统。甚至在佛教思想中信仰阿弥陀佛的场合，看来似乎是存在论的思想占决定性的优势，归根结底阿弥陀佛的存在不过是用来达到省悟的一个阶段，或一种手段。因而从根本上说，其中有认识论。尽管华严的四种法界说也有含糊其词之处，不过本质上并不是存在论，而是认识论。这也当然是由于佛教本来是把"省悟"这种高度的认识作为目标的缘故。

（三）非阶段的辩证法的构成

以上所述四种法界的思想，构成阶段的、肯定的辩证法。其最高阶段的事事无碍法界本身，构成一种非阶段的辩证法。在考察这一点以前，先把四种法界的阶段辩证法的结构整理为如下所示：

1. 事法界——"一中一"——主词的实体化。
   自我同一性（肯定）≡差别性（否定）
   "A 是 A"≡"A 不是非 A"
2. 理法界——"一切中一"——谓词的实体化。
   个别的实体的否定（空）≡依他性的肯定（缘起）

"A 不是只依靠 A 而存在"≡"A 是依靠非 A 而存在"

3. 理事无碍法界——"一中一切"——主词、谓词的相依的结合。

普遍的谓词（空、缘起）的实体化的否定≡主词、谓词的结合（空、缘起）的肯定

"'非实体''相依靠而存在'不是实体"≡"A 不是实体，是依靠非 A 而存在"

4. 事事无碍法界——"一切中一切"——以谓词为媒介的主词和主词的相依结合（对应调和）。

主词的差别性（否定）≡谓词的同一性（肯定）

"A 不是非 A"≡"A 和非 A 都是空和缘起"

三、事事无碍的思想

（一）相即和相入

在四种法界的认识中，前三种是华严以外的思想也可以具有的。第四种事事无碍的认识，是华严独特的高层次的认识。因此，华严详细讨论了这种认识的结构。这里据法藏的主要著作之一《华严五教章》（《华严一乘教义分齐章》）[1]来加以概观。

---

[1] 《大正藏》四十五。

如上所述，事事无碍是事和事通过共同的理而对应调和，互相对立的主词和主词通过共同的谓词而构成均等，是有差别和矛盾的一致，是 A 和非 A 的一致。不过，这并不是指"A 是非 A"，而是指 A 和非 A 具有相同的谓词（空、缘起）。

所谓矛盾的一致，听来似乎是什么神秘的非合理的认识，事实决不是如此。由于这是指矛盾的、有差别的主词具有共同的谓词，所以这并不是出格的，而完全是合理的。这就是所谓事事无碍。在其一致的方法中有两种样式：相即和相入。①

所谓相即被说成是"空有之义"。其意义被解释为：

自若有时，他必无。

即在 A 被肯定时，非 A 就被否定；非 A 被肯定时，A 就被否定。因此，就是指："A 不是非 A，非 A 不是 A"，这是矛盾律，相当于事法界的差别性的认识。这样，自与他（A 与非 A）是矛盾对立的，因此"自即他，他即自"的关系成立。这叫作"相即"。所谓"即"，首先，"他即自"，是"由于他是无，而自是有"（"由他无性，以自

---

① 参见《华严五教章》四。

作"）的意思。其次，"自即他"，是"由于自是无，而他是有"（"曰自无性，以他作"）的意思。因此，所谓"即"，是一方的否定，构成他方的肯定的必要条件。并且，由于A和非A相互构成这样的必要条件，所以两者相即。就是说，相即是两者相互构成必要和充分条件，是如下形式的相等关系："一方的否定≡他方的肯定"，把这种关系引申到一切事物来加以考察，就构成"一即多，多即一"。因为非A中有B、C、D等的多，所以A和非A的相即是A和B、C、D等的相即，是一和多的相即。

再者所谓相入，被定义为"力无力之义"。其意义被解释为：

　　自有全力故，所以能摄他。他全无力故，所以能入自。

这是对"他入自"和"自入他"两种场合的说明。并且由于自和他互相地入于对方之中，所以叫"相入"。相入和相即的不同之处在于，相即是并列的事物（体）的相互依存关系，相入是事物的作用（用）的相互依存关系。就是说，相即是A的主词和非A的主词间的相互否定的依存关系，而相入则是A所具有的能力和非A所具有的能力间的相互否定的依存关系。

例如，当种子逐渐变成草时，由于种子的存在逐渐变成为无，这就变成了草。而由于草的存在逐渐变成为无，这就变成了种子。这是种子和草的相即。其次，由于现实的种子具有生长能力，其中还不存在的草作为可能性被包含着。而当种子逐渐变成为草时，由于现实的草具有结果实的能力，因此作为可能性包含着种子。这是种子和草的相入。

因此，所谓相入，就是指现实的东西把非现实的东西作为可能性而包含着。当 A 为现实（有力）时，非 A 为非现实（无力），它作为可能性包含于 A。而当非 A 为现实（有力）时，则相反。于是相入就是 A 和非 A 的现实性、可能性的相互关联。在《华严五教章》中，用一到十的自然数的例子对此做了如下说明。

（二）一含十

其中说：

> 若无一即十不成故。一即有全力，故摄于十也。

这段话可以分为两点来理解：

第一，"若无一即十不成"，是指一为十的必要条件。

第二，"一即有全力，故摄于十"，是指一是现实（全力）时，则把非现实（无力）的十作为可能性而包含着。

把这两个命题联结起来,来说明上述《华严五教章》的语句,即:

"一是十的必要条件,并且在一为现实的场合,
　　一包含着十的可能性。"　　　　　　　(1)

一般来说,若断定具有共同的谓词 f 的命题 f(p) 是命题 f(q) 的必要条件,则(1)的语句有如下结构:

$$\left.\begin{array}{l}\text{大前提}\quad f(q) \to f(p)\\ \text{小前提}\quad f(p)\\ \hline \therefore \quad f(q)\text{ 是可能的}\end{array}\right\} \quad (2)$$

这在逻辑上是正确的推理。若(2)的结论不是"f(q)是可能的",而是"是 f(q)",则构成下式:

$$\left.\begin{array}{l}f(q) \to f(p)\\ f(p)\\ \hline \therefore f(q)\end{array}\right\} \quad (3)$$

这是肯定后件的谬误推理。不过在(1)式中由于结论是"f(q)是可能的",这个谬论就不存在了。因为,当必要条件 f(p) 现实时,f(q) 即使不构成现实,但成立的可能性是存在的。因此,相入的关系,在逻辑上是有效的关系,也就是合理的关系。

这样,相即和相入都是合乎逻辑法则的合理关系,决不是神秘的非合理性,更不是不合理的谬误。这不仅是包含可能性概念的高度合理的关系,而且在《华严五教章》中,

进一步用一和十的譬喻,展开为"圆即前后"的高度逻辑。

(三)圆即前后(系列的综合)的成立

一和一合成二,二和一合成三,顺序递进而成十,这是由于一和十是相即相入的。从相即方面说,一不是十,十不是一。而不是一,为是十的必要条件。不是十,为是一的必要条件。两者相即。其次,一是十的必要条件,没有一就没有十(不是一,为是十的必要条件。而有一是成十的必要条件)。一包含十的可能性。这是所谓相入。因为,孤立的一,孤立的二,乃至孤立的十,是不存在的。由于一和十在上述的双重意义上,互为必要条件,所以,不是分别孤立存在的。由于不是孤立的,所以,一方包含着他方的可能性。就是说:

> 一者非自性一,缘成故。是故一中有十者,是缘成一。

所谓"自性一"是孤立的一。"缘成"是互为必要条件。一不是孤立的自性的一,是与二、三乃至十等互为必要条件的缘成的一。因此,一包含十的可能性。同样地,二包含十的可能性,同时,也包含一的可能性。十包含一的可能性、二的可能性乃至九的可能性。这里,可以认为有两种可能性。

第一是一包含二、三乃至十的可能性的场合。在这个场合，二、三乃至十是还没有成为现实的可能性。第二是二包含一的可能性，乃至十包含一、二等的可能性的场合。在这种场合，一、二等是已经成为现实并最终构成十的要素的可能性，即分解十可以出一的可能性。

关于这两种可能性，《华严五教章》把前一场合（一含十）叫"向上去"，把后一场合（十含一）叫"向下来"①，两者是不可分的。"向上去"，一包含着构成十的可能性，这是具有一加一成二，二加一成三，乃至成十的加法演算的可能性。不过，只用加法把一并列起来，不过有多个一，决不构成二或三或十。用《华严五教章》的话来说，即：

若一不即十者，多一亦不成十。何以故？一、一皆非十故。

因此，为了能够用一加一依次成二、成三、成十，"一即十"是必要的。如上所述，所谓"即"是一方的否定成为他方的肯定的必要条件。就是说，"一即十"是指"一不构成现实的一，是十构成现实的十的必要条件"。当一不

---

① 参见《大正藏》卷一上。

构成现实的一,而构成十的要素即十时,十成为现实的。这是上述的"向下来"。

因此,为了建立加法的演算,应该以下两种操作同时作用。一种操作是"向上去",即将一顺序加一地排列起来。一种操作是"向下来",即把已经排列起来的多个的一作为自己的要素而综合起来,这里,为了理解之便,"向上去"用加法符号表示,"向下来"用等号表示,即:

$$\underbrace{\underbrace{1 + 1 + \cdots + 1}_{\substack{\text{向上} \\ | \\ \text{系列(前后)}}} = \underbrace{10}_{\substack{\text{向下} \\ | \\ \text{综合(圆)}}}}_{\text{系列的综合(圆即前后)}}$$

如图示,"向上去"的系列和"向下来"的综合不可分地联结在一起,系列的综合成立。这叫"圆即前后"。"圆"是综合,"前后"是系列。这也叫"一中多,多中一"。"一中多",是构成前后的系列,能够成十的"向上去"的一。"多中一",是作为十的要素,而为十所综合的一。

(四)通向解脱体验的重要逻辑

这样,一和十的相即相入,就采取了圆即前后(系列的综合)的形式。但这并不是只限于一和十这种有限的场合。这种论证方法是可以普遍运用以至无穷的。无限的系列可用一个概念综合、概括起来。这相当于数学中的如下的收敛无穷级数，或连续函数的极限：

$$\frac{1}{2}+\frac{1}{4}+\frac{1}{8}+\cdots=1$$

不过，相即相入也不尽是这种"圆即前后"的形式，在一切场合个别和个别相互构成必要条件，个别中包含全体，可是其最重要的应用是通向解脱体验的应用。各个事物包藏无限性而互相调和。各个瞬间包藏永远而互相对应。各个心包藏宇宙而互相感应。在这种积极的调和体验中，存在着相即相入、事事无碍的特长。

华严思想的特征，在于以严密的逻辑来说明这种体验，用合理的思辨来支撑非合理的体验。除去这种合理思辨的支撑，华严即转化为禅。事实上，就是上面列举的宗密等，也是一方面学习华严，另一方面又参禅，在他以后华严更急速地融合于禅。因此，华严的特征在于其合理的思辨。我们着重探讨其逻辑，是很有必要的。

（五）省悟后的正确判断

华严思想的特征，以"三界唯心"或"性起"种种形式来表现。而其逻辑特征在于事事无碍或相即相入。其逻辑结构的骨骼已如上述，以下探讨其辩证法的性质。

四种法界的思想已经具有阶段的辩证法的性质。由于天台的次第三观还没有明确地以矛盾为媒介，所以还不是清晰的辩证法。在由理事无碍法界向事事无碍法界推移时，成为其媒介的矛盾性不是来自表面的。而构成四种法界顶点的事事无碍法界的辩证法的性质，则被明确地表达出来。

这是指互相对立和有差别的个别和个别之间的同一，是有差别的同一，是矛盾的同一，所以很明显地，这是以矛盾为媒介的认识。如果构成无法消解的矛盾，就不存在认识成立的余地。事事无碍的矛盾，是以有差别的主词和主词具有同一谓词的形式来消解的。不过，差别性和同一性互相矛盾的概念以相等关系而被结合、综合，所以可称其为辩证思维。

这不像黑格尔辩证法那样，依思想内容的顺序构成的过程辩证法。也不是表示像唯识论或天台的次第三观那样的认识态度或观察方法的阶段变化的阶段辩证法。这是与天台的三谛圆融一样的关于观察方法的非阶段的辩证法。并且这也不是如龙树的《中论》中那样的否定的辩证法，而是肯定的辩证法。就是说，这不是为了达到省悟的体验而否定妄分别（错误判断）的论证方法，而是表示到达省悟后的正确分别（判断）的论证方法。在这点上，与天台的三谛圆融很相似。

事事无碍的辩证法，正如天台以及一切佛教辩证法一样，是无实体的辩证法。黑格尔的辩证法是绝对精神这个实体的自我展开，而事事无碍是事物的观察方法，并不是某种实体的显现。

（六）静态的矛盾的一致

这个性质与事事无碍的特征不同，不过也可以看作重大特征。就是说，它是一种静止的调和的辩证法。这明显地表现为相即和相入的概念。

所谓相即，已经说过，是有和空（无）的相依关系，一方的否定成为他方的肯定的必要条件。所谓相入，是有力（现实性）和无力（可能性）的相依关系——一方的现实性成为他方的可能性的必要条件。并且由于事事无碍是相即相入的，所以，首先，通过相即，甲和乙相互否定，又相互联结，构成差别。其次，通过相入，甲包含乙的可能性，乙包含甲的可能性，由于相互包含而一一对应，构成对等。而这种对应，是甲和乙以共同的谓词为媒介而建立起来的。因此，相即是差别性，相入是同一性，相即和相入是贯穿着差别性的同一性，是有差别的同一，有矛盾的一致，所以是辩证法的。不过这不是通过转化矛盾而达于一致的包含着动态的紧张性的辩证法。即使说矛盾的一致，也是有差别的个别事物和个别事物保持静态的对应，并相互构成对方的可能性的必要条件而得以调和。即事事无碍是静态的调和的辩证法，是不包含对立抗争的紧张性的思想。在这点上，即使同样是辩证法，但同马克思等的辩证法是正相反对的思想。

这样的辩证法意味着什么呢？它表现了极端肯定的态

度。由于有差别的、互相对立的东西，从其共同的方面来看，是相互依存的、相互调和的，所以应该否定和排除的东西就不存在，这种绝对肯定的态度，就是事事无碍的辩证法的意义。

四、佛教思想的顶点：性起

（一）一切都是绝对者的表现

华严思想，至少从其逻辑上来看，构成全佛教思想的顶点。它并未使因明这种形式逻辑学得以发展，而是用事事无碍、相即相入的逻辑，把解脱的体验这种非合理的东西，恰当地合理化了。这种逻辑的精密程度令人吃惊。由此看来，不能说远东民族在逻辑上不强，不过，在这种思想中，也不是没有若干难点。

第一，由于寻求解脱体验的佛教陷入思辨的顶点，远离了它的本来目的，特意的思想也很容易就流于空疏，而存在着忘记实践的危险。第二，由于事事无碍归根结底是绝对肯定的认识，反过来有阻挠积极的生活态度的可能。绝对肯定与绝对否定一样，是消极的。因为绝对的肯定，就是什么都容纳而不加以否定。如果那也好，这也好，什么都好，那么就不存在努力选择的必要了。但是，虽然同样是消极的态度，而与绝对的否定是拒绝一切的悲观主义相反，绝对的肯定是容许一切的乐观主义。华严的事事无碍的思想，可以说是这种乐观主义的一个典型。

在这点上，令人想到与华严思想有相似之处的莱布尼茨思想，同样也是乐观主义的。个别事物和个别事物的预定调和的对应，构成一切事物的和解。其中摩擦对抗是不存在的。即使有，它也只不过起着增强和解甘味的盐的作用。因此，真正的恶是不存在的。一切在本质上都是善。恶只不过是作为善的一种手段的表面上的恶。这样，世界是善的世界，是善神的表现。这就是莱布尼茨的神正论的论点。华严的事事无碍的思想与此很相似。由于基于个别事物和个别事物的相即相入的预定调和，一切和解了，一切都作为善被容许了。

不仅如此，与莱布尼茨的神一样，在华严思想中，贯穿一切个别事物，使之对应调和的，是普遍的理，它被称为卢舍那佛，也被当作一种神来崇拜。从这方面来看，一切被作为唯一绝对者的表现而互相调和。华严思想把这叫作"性起"。

所谓性，是作为一切现象本性的普遍的理，即作为绝对者的卢舍那佛。所谓起，是其表现。因此，性起相当于四种法界的理事无碍，在理事无碍的基础上建立事事无碍，在性起的基础上建立相即相入。莱布尼茨的单子的预定调和说用神正论来论证，同样，华严的事事无碍、相即相入说靠性起的思想来支撑。

(二)无(普遍的理)的自我表现

不过,二者也有很大的不同点。值得注意的是,莱布尼茨的单子是实体,神是人格化的创造神。与此不同,华严的事是现象,不是实体,而作为绝对者的卢舍那佛归根结底也是普遍的理,不是创造天地的人格神。因此,相即相入是无实体的辩证法,在这点上华严思想与莱布尼茨思想在根本上不同。

如果把世界看作无实体的普遍的理的表现,那么也可以把它叫作无的自我表现。理是普遍的谓词,不是主词。把它名词化,是叫作无。可以认为,所谓理事无碍,所谓性起,是指普遍的谓词附着于各个主词之后才具体化的。由主词方面来看它,"无"的主词个别化而成为"有"的主词和谓词。西田哲学就是这种看法。

因此,西田哲学的"无"的思想,可以认为与华严的"性起"说类似。不仅如此,在西田哲学"无"的思想中,作为"无"的自我限定的个别和个别既是矛盾对立的,又是一致的。这一点可以援用莱布尼茨的单子论来加以说明,而其结构,与其说与莱布尼茨,不如说与华严更为接近。上山春平氏也指出,西田哲学与华严思想的类似,表现在"三界唯心"这点上两者的一致[①]。

[①] 参见《佛教思想》6,第215页。

此外在一些根本点上，两者的思想也极其相似。因为，西田的"无"的自我限定，相当于华严的理事无碍和性起，而个别和个别的矛盾一致，相当于事事无碍和相即相入。这种近似根源于西田几多郎是从禅的体验出发的，而在禅中潜藏着华严的思想。

不过，二者也有不一致的一面。西田哲学的"无"，是包容一切个别的场所，是概括一切的全体性的主词。这是普遍的谓词的主词化。与此相反，华严的理或性，仍是普遍的谓词，而没有主词化。因此，前者有主词的逻辑的性质，至少部分是如此。而后者只是谓词的逻辑。如果把主词实体化，主词的逻辑就直接转化为西方式的实体的逻辑。西田哲学用"无"的概念煞住了实体化，而在主词的逻辑这点上，与西方思想有相通之处。与此相反，由于华严的逻辑是谓词的逻辑，所以既没有主词化，也没有实体化。这与西方思想有非常大的距离。

（三）无限流动的多样性统一

总之，华严的性起、相即相入的逻辑，是不使用实体概念，而认定在变化中的不变式的逻辑。在这点上，与近代数学的函数的思维方法很相似。所谓函数，是把相互依存的关系从数量上表现出来。函数的等式，是通过变数的变化而保持不变的不变式。这种依据变化的不变式，是无限流动的多样性的统一。

对实体的固执不能承认这种流动的多样性的统一。因为所谓实体是变化外的不变者。当舍弃实体概念，运用函数概念时，才能认识渗透着变化的不变性。华严的逻辑中有与这种函数思想相近的东西。它可以说是未被数量化的函数思想。

不过，华严所追求的不只是理论。它所追求的是由解脱而来的安心立命和自在的境界，并对它加以表达。因此，只对其逻辑加以抽象，把它与西方思想和近代科学的概念相比较，也是危险的、无意义的。然而在佛教思想，尤其是华严思想中确有这种精致的逻辑，而且也并没有忘记，依据其逻辑合理思考事物，是解脱的一个方面。因为解脱被称为般若的智慧，具有这种合理性。只有非合理的体验，还不算是智慧。

第三章　合理和非合理：中国古代思想的逻辑

小引　逻辑在中国古代思想中的地位

（一）独特的概念逻辑学

在中国古代思想中，原来也包含着原始的迷信和咒术。不过在春秋时代作为中国古代思想原型的《论语》等，已经几乎完全排除了这些原始的不合理因素，并建立了完全合理的人生观、自然观。而活跃于战国时代的诸子百家的思想，也大致是合理的，迷信和咒术之类不多。

这是令人惊异的。进入战国时代，在对逻辑进行反省，并对形式逻辑进行系统化的同时，种种诡辩也盛行起来。诡辩本身是不合理的。不过要进行诡辩就不能不对逻辑进行深入的考察。因此，逻辑学和诡辩是同时发展起来的。这一点，在希腊和印度也是同样的。

中国古代的形式逻辑由墨家（墨翟及其学派的人）和儒家一派的荀子等建立起来。其主要内容是概念的逻辑学。它是以概念来覆盖逻辑的全部领域的独特的概念论。由此可以看出中国古代逻辑学的一个特征。由于韩非子以完成的形式倡导矛盾律，所以中国古代形式逻辑构成了一个完成形态的合理的思辨体系。

（二）合理性的界限及其由来

由于中国逻辑学试图只用概念论来处理命题和推理，自然有其限度。因此比较而言，中国逻辑学不如印度逻辑学，内容也较贫乏，严密性不足。由此可以看到中国古代思想合理性的界限。

这样的界限是怎样产生的呢？这固然应该期待文献学者和历史学者的研究。若只由纯逻辑方面来探讨其原因，那么第一个原因可以说是由于中国语言是所谓的孤立语[1]，没有语尾变化，不区别体言和用言[2]，而全部由体言构成。由于没有这些区别，命题就不是由体言和用言结合而成，而是由体言的累积来构成。

例如，"花是赤的"这一命题，被表达为"花赤"。

---

[1] 孤立语：用不变的根词和不同词序表示语法意义，不用词尾曲折变化表示语法关系的语言。又叫分析型语言（用功能词即虚词和词序表示语法关系）或无形式语言、无形态语言，和屈折语（用屈折变化表示语法关系）、黏着型语言（用语言成分的自由组合表示语法关系）对应。——译者

[2] 体言：日语中无词形变化的名词、代词和数词。用言：日语中有词尾变化的动词、形容词和形容动词。——译者

或者充其量被表达为"花者，赤也"。在日语中，就"花是赤的"而言，由于主项是名词，谓项是形容词，所以二者在功能上的不同也是清楚明白的。然而在所谓"花赤"的场合，无论主项、谓项，都是体言，没有功能上的区别。只依据排列的顺序，上位的"花"作主项，下位的"赤"作谓项。

这样由体言的累积而构成命题，是把命题看作概念的复合。因为从逻辑上说，体言相当于概念。这样，如果把命题看作概念的复合，命题的独立性就被埋没了，在逻辑的层面上就只表现为概念，并且由命题导出命题的推理，也被看作为概念的复合。结果就用概念的逻辑覆盖了全局。因此只用概念的逻辑学，就足够了。

第二个原因可以说是由于在中国古代，认识的活动不是在其自身所具有的意义上来理解，而是只从作为社会的、道德的实践手段的意义上来理解。因此，对逻辑自身的探究很少，这种研究，只限于实践上必要的场合。并且由于只考虑实践上的必要，所以只用概念逻辑学就能满足这种必要，于是更多的研究就不再进行了。

因此，中国古代逻辑学只限于概念的逻辑学。不过它在一定范围内也大致考察了命题论和推理论。所以可以说它是有一定高度的逻辑学。而这种高度的逻辑自觉，表示在古代中国充分地产生了合理的精神，具备了我们现在应该学习的合理性。

（三）非合理性的主张及其合理性

应该注意的是，在中国古代，在倡导这种实践的合理性的同时，也有与此相反的非合理性的强烈主张。合理性的主张以儒家为代表，非合理性的主张以老庄为代表。这两种思想的对立，在后代的中国思想中一直传承下来，而其本质在于实践的合理性和非合理性的对立。

所谓实践的合理性，是指合理的行为。因而，与此相反，对于它的否定，就是不合理的、难以容许的行为。然而老庄思想反对儒家思想的合理性，并不是主张不合理的荒唐行为，而是非难把社会的对人的关系这种相对的东西视为绝对和固守儒教的偏狭。所以老庄的非合理性是超脱相对的对人关系的无差别心境，而断言有离开对立意识的安心的境地。这是一种宗教的解脱的心情，而决不是破坏社会的、道德的合理性。

但是无论如何，通过与这种合理性相反的非合理性的对置，产生了与合理性相反的极敏锐的洞察。这种洞察在《老子》中可以看到，而在《庄子》中则以更尖锐的形式表现出来。这乍一看似乎是奇怪的，在否定合理性的老庄思想中，可以看出比儒家思想更高的合理性。因为否定合理性，实质上正是合理性的自我批判，是基于合理性的自觉的自我克服。

中国古代思想中的逻辑问题，由于经常是从社会的、道德的实践上来考察的，所以割断实践的问题，那么其逻辑也恐怕会丧失意义。然而在逻辑的限度内，也可以将它用纯粹的形式加以抽象分析。以下我们暂时撇开实践的问题，而从纯逻辑的见地来探究中国古代的思想。

第一节　完全排除不合理

一、"正名"说

（一）正名是政治的第一步

初期的儒教，即孔子的思想，无疑是中国古代有代表性的思想之一。孔子思想的明显特征，是否定借咒术和迷信而巩固的因习的传统思想，倡导依据人类知识和良心而行动的人道的、合理的思想。

"知"的思想。现在当我们注目孔子思想的合理方面时，我们看到，在整个《论语》二十卷中，用到"知"这个词的地方有55处，共出现"知"字89次[①]。由此可见，《论语》重视知识，重视合理性。其基本态度可以归纳为

[①] 据森本角藏《四书索引》。又据杨伯峻统计，《论语》中"知"字出现116次。见《论语译注》，中华书局2015年版，第364页。译者据《诸子百家·中国哲学书电子化计划》（https://ctext.org/zhs）检索，为118次。——译者

三点：第一点是"正名"思想；第二点是"知命"思想；第三点是对知识界限的自觉。

有一次，弟子子路问孔子说："卫君待子而为政，子将奚先？"对此，孔子回答说："必也正名乎！"这就是古来有名的"正名"思想的出处。不过对此，子路反驳说："有是哉，子之迂也！奚其正？"接着孔子责备子路说："野哉！"于是孔子对"正名"的必要性做了如下说明：

1. 如果名不正，言词就不能按自然的顺序来述说。（名不正则言不顺）

2. 如果言词不能按自然的顺序来述说，那么任何事情也做不成。（言不顺则事不成）

3. 如果任何事情也做不成，那么礼仪和音乐就不能成立。（事不成则礼乐不兴）

4. 如果礼仪和音乐不能成立，那么刑罚就不能得当。（礼乐不兴则刑罚不当）

5. 如果刑罚不能得当，那么民众就不知道怎么行动。（刑罚不中则民无所措手足）

这里说明了最重要的首先是正名。[①]

（二）政治和道德知识的再构成

这样，"正名"这种知识的活动，就不是在其自身所

[①] 参见《论语·子路》。

具有的意义上，而只是在作为解决社会、政治问题的手段（必要条件）这一点上而受到重视。这是中国古代思想重视实践的当然结论，并且应该注意，在这里社会实践被摆在矫正知识的工作之上。正如胡适所说的"知识的再组织"（intellectual recognization）①那样，这是试图把政治、道德从知识上来加以构成。这里可以看到对知识重要性的自觉和重视合理性的思想。在实践的范围内，知识被放在优先地位，因此这是唯理论的实践论。其唯理论的基础是"正名"的操作。

（三）逻辑的狭窄和薄弱

所谓"正名"，据古代皇侃的注，就是做到名和物的正确对应。如说"君"的名，应该是指示与"君"的名相应的人物、行为或地位。说"臣"的名，也应该是指示与"臣"的名相应的人物、行为或地位。然而"名与实物正确对应的同时，实物也应该与名相应"（名以召实，实以召名）。②即与国君相称的人物就名之曰"君"。与此同时，既然被称为"君"，就应该做出与"君"的称呼相称的行为。因此，"正名"，从纯逻辑上说就是定义，而它同时又是行为的规范。按照相应的实物来命名是定义。而一旦给予了名称之后，就应该做出与这个名称相应的行为，这

---

① 参见胡适：《先秦名学史》，英文版，第24页。
② 参见皇侃：《论语义疏》第七。

时,"正名"就构成行为的规范。

这样,作为逻辑的基本方法的定义和道德的规范就有了不可分割的联系。在这里,我们可以很好地窥见儒教的特征。同时,也可以明显地看出其合理性的界限。

在逻辑学中,明确概念的内容,这是第一急务。而这就是定义的方法。因此孔子把相当于定义的"正名"作为最初的要体来加以倡导,从逻辑上看是完全正确的。这与古希腊苏格拉底企图通过定义获得正确知识一样,迈出了逻辑学的第一步。

然而在孔子那里,其"正名"只适用于社会的、实践的事物,而不适用于对此外的纯粹知识的关心,而在把"正名"直接作为实践的规范这点上,就更有着不能赞同的偏狭。即使在苏格拉底的场合,通过定义获得正确知识,也是为了实行正确的道德。然而即便目的是如此,在寻求知识的限度内,他是站在纯粹知识的立场来思索、检讨和定义的。因此,作为实现定义的阶段的"对话"方法,就是必要的。

所谓对话,就是检讨与论敌讨论的思想或概念,并从中发现矛盾,以便排除矛盾的过程。这个过程,是纯粹知识的工作,是通过这种纯粹知识的工作,以便首次获得正确的定义。因此可以说,在苏格拉底的定义论中,有后代亚里士多德逻辑学的萌芽。

与此相反，在孔子的正名中，缺乏先行于定义的知识的检讨。这里也可以看出儒教逻辑的薄弱。

二、"知命"说

（一）自觉命运和服从命运

与"正名"作为方法论相对，所谓"知命"是认识的内容。在《论语》中有多处使用"知天命"或"知命"的言词。首先，孔子回顾自己本身说："五十而知天命。"[1] 又说："不知命，无以为君子也。"[2] 等等。这里出现的"天命"或"命"等语，古注解释为"穷通之分"或"穷通夭寿"等。[3] 这是说贫富、贵贱或长命短命等，一句话，就是说命运。因此所谓"知命"，就是知道排斥自身自由的命运，并且顺从它、服从它。

然而命也不一定只看作外部的命运。据比《论语》稍后的著作《中庸》说："天命之谓性。"据古郑玄对此的注解，所谓天命是说"天所命，生人者也"，而所谓性，是说"为生的质，即人由天所禀受的生来的本质"。即天命是人的本性的根据。《中庸》在这个意义上使用"天命"

---

[1] 参见《论语·为政》。
[2] 参见《论语·尧曰》。
[3] 参见皇侃：《论语义疏》，第一、第十。

的术语，可以理解为是由于在《论语》中已经包含了这种意义。于是，所谓天命，是由天给予的东西。它既是外部的命运，同时又是人类内在的本性。

因此，所谓"知命"，应该是既知道命运的必然性，同时又知道自己内在的本性（或道德的本性）。所以后世朱子解释说："所谓知天命，就是穷理、尽性。"① 这大概不算是轻率的解释吧。

（二）实践的认识的基础

知道命运的必然性和自身道德的本性，就是知道实践的原理。因此，犹如"正名"是方法论的基础，"知命"就构成实践的认识的基础，其逻辑是，通过正确的定义方法可以知道原理，通过知道原理可以正确行动，并且知道原理正是知道朱子所谓的"理"，即知道普遍的法则或规范。这就是实践的合理性。相对于"正名"是方法上的合理性，"知命"是内容上的合理性。

这样一来，孔子的实践论成了极合理的东西，由此产生了对于咒术和迷信的批判排斥态度。例如说：

子不语怪力乱神。②

---

① 《论语集注·为政》引程子："知天命，穷理尽性也。"——译者
② 《论语·述而》。

孔子不说怪异、勇力、混乱的社会关系和鬼神，即不说怪异和鬼神等不能被合理认识的东西。又说：

　　获罪于天，无所祷也。①

这是对咒术的批判。这也是教导人们，由于即使祭淫祠也无所收获，所以就应该专心以不违反道德原理的方法来进行努力。

不过，所谓实践的合理性，并不是说，一切不知道的东西，都完全丢掉，连头都不回。合理性应有其自然而然的界限，对于这一点的自觉，就是如下的第三个条件。

三、对知识界限的自觉

（一）合理态度的重要条件

孔子明确承认实践知性的重要性，也充分自觉到这种知性并不是漫无限制地发生作用。他对子路说：

　　由！诲女知之乎！知之为知之，不知为不知。是知也。②

---

① 《论语·八佾》。
② 《论语·为政》。

意思是知和不知有明显区别,这是对知的界限有明显的自觉。知道知的界限,这是合理态度的最重要条件,孔子已经达到了这种自觉。因此,对于能知的东西贯穿了合理性,而对于知性未能达到的也决不把无理的东西合理化。所以排除了咒术和迷信,而对于祭祖或祭天的宗教行为未曾想否定。因为这种祭不过是超越人知的绝对物的象征。

(二)为什么能够说"如神在"

例如孔子关于祭祀,说:

祭如在。祭神如神在。①

这不是向神祈求利益的咒术。当人面对绝对的东西时,由于绝对的东西超出了合理的理解,所以只有对它进行象征性的把握。所谓"如在""如神在",就是这个意思。假定绝对的东西在眼前,对它尽礼就是祭,这样一来,由于超出了合理性的界限,就对它采用与合理态度不同的象征方法。

在这一点上,初期儒教和初期佛教既有近似之处,又有不同之处。二者同样都是立足于合理性而排除原始的咒术和迷信。然而在初期佛教那里,在超出合理性、中止一

---

① 《论语·八佾》。

切思辨的同时，不搞凭借象征的祭礼。佛教由于以专心于安心立命的体验为目标，所以不需要曲折利用象征的外形。而儒教由于在社会的对人关系中注入了宗教性的内容，所以不能不利用祭祀这种象征性的形式。即使有这种不同，仍然可以说初期儒教跟初期佛教一样，表现了东方最初的合理精神。

第二节　合理精神的结晶和矛盾的发现

一、中国最早的逻辑学：《墨子》

（一）墨翟的"三表"说

由墨翟创始的最初的逻辑学，是中国古代合理精神的结晶。墨翟的思想在《墨子》中可以看到。现存的《墨子》中，《经上》《经下》《经说上》《经说下》《大取》和《小取》诸篇，据推定记录的是墨翟弟子（所谓墨者、别墨）的思想。由于这些篇构成《墨子》逻辑学的中心，所以墨翟自身的逻辑思想，就现存文献所见不怎么丰富，不过在它作为中国最初的逻辑学的意义上是重要的。

墨翟的逻辑思想被称为"三表"说。[①] 这是三种论证方法。即第一是"本之者"，第二是"原之者"，第三是

---

① 参见《墨子·非命上》。

"用之者"。

1. 所谓"本之者"（以它为根据者），是寻求立论根据的论证。因此，它被解释为相当于演绎法（deduction）的论证方法。[①] 然而由于没有论述演绎的实际形式，所以墨翟究竟研究出什么样的逻辑是不明确的。

2. 所谓"原之者"（对它进行探寻者），是说在推行刑政时，实行征求人们意见的方法。因此，宇野精一博士把它看作一种归纳法（induction）[②]。

3. 所谓"用之者"（对它进行应用者），被解释为是注意理论的实际上的效果，而判明理论的妥当性。[③] 因此，宇野博士把它解释为一种实验的方法。

总之，就现存文献来看，墨翟的逻辑学说是模糊不清的，所以经不起严密的分析。然而它试图反省论证的形式，认识逻辑法则的努力，于此可见一斑。

如上所述，墨翟的思想是贫乏的，而其弟子（别墨）的逻辑学说，相比之下则特别丰富。把它加以整理，主要是名的学说、辩的学说、故的学说、辩的七法、同异的学说等。

---

① 参见范寿康：《中国哲学史纲要》，第74页。
② 参见阿部吉雄：《中国的哲学》，第82页。
③ 参见范寿康：《中国哲学史纲要》，第74页。

（二）名（概念）的学说

所谓名，就是概念。思考由名构成。名有达、类、私三种①。所谓"达名"，如"物"，相当于属概念。"类名"如"马"，相当于种概念。"私名"是固有名词。②这样一来，名的三种相当于概念的属种关系，这同亚里士多德的概念论（范畴论）是一致的。不过，亚里士多德考察了作为最高属概念的十个或六个范畴，而在墨家那里范畴的思维方法未能见到。

（三）辩（思考作用）的学说

所谓辩就是思考的作用。这里也看出三种区别："以名举实""以辞抒意""以说出故"。③而梁启超把这三种分别解释为相当于概念、判断和推理。

确实，第一个"以名举实"（用名来列举实），由于是凭借概念来指示对象（实），所以是概念的作用。第二个是"以辞抒意"（用辞来述说意），由于被解释为是凭借辞（联结两个名而构成的表达，即命题）来表述思想，所以是判断作用。④第三个"以说出故"（用说来揭示故），由于是凭借说明来搞清根据（故），被看作推理作用。不

---

① 参见《墨子·经上》。
② 参见《墨子·经上》《墨子·经说上》。
③ 参见《墨子·小取》。
④ 参见范寿康：《中国哲学史纲要》，第 85 页。

过，据胡适说，"故"这个词包含着原因（cause）和理由（because）两个意义①，所以这未必是指纯逻辑的推理。

尽管如此，辩的三种作用可以大致看作相当于概念、判断和推理。因此，形式逻辑的三个部门就已经被认识到了。

（四）故（根据）的学说

所谓"故"就是根据。它有"小故"和"大故"之分②。据胡适解释，小故是部分根据，大故是全部根据。③而小故是指"有之不必然，无之必不然"。因此小故就是必要条件。大故则是"有之必然，无之必不然"。因此大故是充分且必要条件。④

墨家明确区分了这两种根据，其逻辑思想可以说是相当高级的。

（五）辩（思考作用）的七法

作为思考作用的辩有七种，即"或、假、效、辟、侔、援、推"⑤。

第一，"或"被定义为"不尽也"。即是对没有穷尽论述的全部范围的思考。因此它被解释为特殊命题⑥或盖

---

① 参见胡适：《先秦名学史》，第94页。
② 参见《墨子·经说上》。
③ 参见胡适：《先秦名学史》，第94页。
④ 参见《墨子·经说上》。
⑤ 参见《墨子·小取》。
⑥ 参见大滨浩：《中国古代逻辑》，第269页。

然判断（或然判断）①。不过，从形式逻辑上说，可以认为相当于特称判断。

第二，"假"被定义为"今不然也"（现在不是如此）。即是指假说。②因此，"假"这种辩相当于假言判断。③

第三，"效"被定义为"为之法也"（作为它的法），又被解释为"中效则是也，不中效则非也"。因此"效"就是法则。"中效"就是合乎法则，这时思考就成为"是"（正确的）。"不中效"就是不合乎法则，这时思考就成为"非"（错误的）。因此也有把它解释为演绎法的倾向。④

第四，"辟"被定义为"举也物而以明之也"，诸说都把"也"解为"他"之误。因此，"辟"就是"列举其他事物，以便用来搞清这个事物"，可以认为相当于譬喻或比较。⑤

第五，"侔"被定义为"比辞而俱行也"。由于辞是命题，所以这是对两个命题进行整体的比较。上述"辟"是概念的比较，与此相对，这里的"侔"是命题的比较。

---

① 参见范寿康：《中国哲学史纲要》，第86页。
② 参见范寿康：《中国哲学史纲要》，第86页。
③ 参见大滨浩：《中国古代逻辑》，第269页。
④ 参见胡适：《先秦名学史》，第95页；范寿康：《中国哲学史纲要》，第87页。
⑤ 参见胡适：《先秦名学史》，第89页。

不过二者都是凭借譬喻来进行理解的方法。①

第六,"援"是指"子然,我奚独不可以然也"(如果你可以那样,为什么偏偏我不能那样呢)。因此这是类比推理。②由于"辟""侔""援"三者都相当于类比法,所以它们之间的区别不怎么清楚。

第七,"推"被定义为"以其所不取之,同于其所取者予之也"(用其所不取的东西,与其所取的东西是相同的作理由,而给予之)。所谓"其所不取的东西"是"还没有调查的东西";"其所取的东西"是"已经调查了的东西"。所以,"推"就被解释为"把还没有调查的东西"与"已经调查了的东西是相同的这一点作理由,可以做出一般性的肯定(给予之)"的意思。因此这可以看作归纳法。③

由此可见,"辩的七法"相当于特称判断和假言判断这两种判断,以及演绎、类比和归纳这三种推理方法。作为判断的分类,这里缺乏全称判断等,所以是不充分的。而推理方法的分类则是充分的。在这个限度内它可与亚里

---

① 参见胡适:《先秦名学史》,第 100 页。

② 参见胡适:《先秦名学史》,第 99—100 页;范寿康:《中国哲学史纲要》,第 88 页。

③ 参见胡适:《先秦名学史》,第 99—100 页;范寿康:《中国哲学史纲要》,第 88 页。

士多德的逻辑学相媲美。不过，由于在《墨子》中关于推理没有做出更细致的说明，所以从实质上说怎么也不能同亚里士多德逻辑相等。特别是由于连三段论的基本形式也没有搞清，所以在这点上可以说没有三段论法，同时也可以说比确定了五支作法这种独特的推理法则的初期印度逻辑学也略逊一筹。

（六）同异的学说

"同"有四种。第一种"同"被定义为"二名一实，重同也"①。即由于两个概念具有相同的外延，所以就是指同义语。第二种"同"被称为"不外于兼，体同也"②。这是说像手足耳目等属于同一个身体。因此，这是不同的性质或事物属于同一个基体，是内属关系的同一性。第三种"同"被称为"具处于室，合同也"③。这与其解释为不同的人处于同一个房间，不如解释为不同事物占有空间的同一场所，也可以看作与初等几何学中说的合同概念相似的东西。第四种"同"被称为"有以同，类同也"④。这是指不同事物具有相同性质，因而属于同一类。

与这四种"同"都不同的是"异"。这里对"同异"

---

① 参见《墨子·经说上》。
② 参见《墨子·经说上》。
③ 参见《墨子·经说上》。
④ 参见《墨子·经说上》。

概念意义的正确分析，是卓越的思维方法，其中特别重要的是"重同"。这是说概念外延的同异。如果根据这种外延关系而构成逻辑，就应该创立首尾一贯的外延逻辑学。然而，墨家的思想并未得到充分的总结。

总之，由墨翟所创始的墨家逻辑思想，做了遍及概念、判断和推理各部门的广泛考察，认识到了思维的基本形式。在这个限度内，可以说是具有古代所罕见的彻底的合理态度。然而，它只是把握了思维的形式，还没有总结出一贯的原理或法则。

二、名家的诡辩

"名家"这个名称有逻辑学家的意思，实际上是指战国时代的诡辩家。他们的思想也见于《庄子》（特别是《天下篇》）和《荀子》（特别是《正名篇》），还有《公孙龙子》这部名家的著作现在也残存。在这些文献所列举的诸名家中，主要的人物是惠施和公孙龙。

（一）无限大是一个全体

惠施在《庄子》中是有名的逻辑学家，并且似乎是庄子的亲密朋友。他的思想可见于《庄子·天下篇》，并以"历物十事"而知名。其大部分内容是诡辩，或者是难以解释的。不过其第一条提出如下学说：

至大无外，谓之大一。

即最大的没有外边。把这叫作大一。这可以解释为用朴素的形式表达了在现代数学中所谓的真无限的概念。所谓"至大"就是无限大，真的无限大并不是无限制的扩展，而是在自己当中包含了全部。所谓"无外"，就是这个意思。并且总结为无外的全体，可以看作一个东西（一个集合），这就叫作"大一"。胡适把它叫作 great unit（大一）。由于把全体看作一个东西，就不只是无限制，而是成为无限大。① 如果稍微详细地加以说明，那么所谓无限制，就是在自然数的系列中，不论取什么样的项，都一定有它顺序的下一项。即无限制系列满足如下条件：

对于任意的 n 来说，一定有它顺序的下一项 n+1。与此相反，真的无限大，是包含这个无限制的系列的自然数全体。这个全体，由于包含了全部的自然数，所以在它之外就没有任何自然数。因此这当然是"无外"。

然而，仅仅是"无外"，实际上还不能充分地说是无限大。为了成为无限大，就应该有"在自身中包含着跟自己一一对应的真子集"。例如，对于自然数系列来说，奇数的系列就是这样的真子集。奇数的系列虽然是自然数列

---

① 参见胡适：《先秦名学史》，第 114 页。

的（真）子集，但与自然数列是一一对应的（为什么这样说呢？因为奇数列的项可以顺序给出号码，而给出号码就与自然数列一一对应）。

这样，由于自然数列具有与自己一一对应的真子集的奇数列，所以自然数列的全体，是真无限大。至于为什么具有与自己一一对应的子集就是无限大呢？这是因为，有限大的东西 M 的真子集 M′（不是 M 自身，是它的子集）由于一定比 M 小，两者的项不是一一对应，所以如果取其对偶来考察，当真子集 M′ 跟原集合 M 一一对应时，M 就不是有限大，而是无限大。

这样一来，在现代数学中所谓的无限大，是复杂、严密的概念，而惠施的"至大"相比之下是不完全、不正确的，但无论如何，惠施对无限大的考察，从古代来说，应该看作是惊人的高级的逻辑思维。这在当时也许被说成诡辩，但实际上不能仅仅看成诡辩。

（二）白马非马

被看作名家代表的公孙龙的思想集中于《公孙龙子》一书中。这本书原有十四篇，现仅存六篇。此外，《列子·仲尼篇》列举他的七个命题，《庄子·天下篇》辩者二十一事中，有相当的数量也被归之于公孙龙所作。据天野镇雄的意见，有九条被推定为公孙龙的思想。[1]

---

[1] 参见天野镇雄：《公孙龙子》，第 111 页。

公孙龙的思想，看来像是诡辩，但实际上有很多是正确的逻辑，可以看出其逻辑洞察的敏锐和高超。惠施的思想，是以无限来超越有限，而公孙龙的逻辑，是分析概念并指出其界限。试就其所论的若干主要之点列举如下。

"白马非马"是见于《公孙龙子·白马论》和《列子·仲尼篇》的有名的诡辩。说"白马非马"的意思是："马是称呼形体的，白是称呼颜色的。称呼颜色的不是称呼形体的。因此，白马不是马。"[①] 即由于白的概念是色彩上的概念，马的概念是形态上的概念，两者的外延完全不同，不重合。因此，构成"白马"这个联言的复合概念就完全是无意义的，其外延与"马"的概念的外延不是重合的。所以就说"白马非马"。

如果这样解释，这个命题就不是诡辩，而是正确的理论。然而，"白马"的复合概念，决不是无意义，也不是不具有外延。"白"是色彩概念，而"马"却不仅是形态的概念，它是把色彩也包含于其中的概念。所以，"马"的概念是由"白马""栗马""红马"等的选言构成的类概念。即：马＝（白马∪栗马∪红马∪…）。所以，由于"白马"是表示"马"的子集的概念，"白马"就能为"马"所包含。即：白马⊂马，用日常的话来说，就是"白马

---

① 《公孙龙子·白马论》。

是马"。因此，说"白马非马"是错误的，是诡辩。总之，这个白马论是讨论概念的外延关系，由于它没达到充分的认识，所以产生了暧昧不明的地方，这就是构成诡辩的原因。

（三）一根棒子可以无限折取

一尺之棰，日取其半，万世不竭。

即一尺长的棍子，如果每天取其一半，万世不会穷尽。这是《庄子·天下篇》中的公孙龙的学说。意即一尺长的棍子，如果依次地 $\frac{1}{2}$、$\frac{1}{4}$、$\frac{1}{8}$…这样每次对半折取，则可以无限继续而不会穷竭。因此，从数学上说，这是如下的无限等比级数：

$$1 = \frac{1}{2} + \frac{1}{4} + \frac{1}{8} \cdots$$

不过，在这通常被看作诡辩或者悖论的议论中，实际是从"一尺长的棍子"这个有限中看出了"万世不会穷尽"的无限，看出了有限和无限有相通之处。

这种从分析有限而得出无限的论证方法，在古代来说是无与伦比的高度的逻辑思想。古希腊爱利亚派芝诺的否定运动的第二种主张（跑得最快的阿几里斯永远追不上缓慢爬行的乌龟），与公孙龙的这个命题在本质上是同一的。这一点胡适的看法是正确的。①

（四）飞行着的箭不是飞的

> 镞矢之疾，而有不行不止之时。

即即使快速飞行着的箭，也有既不行又不止的时候。这也是《庄子·天下篇》所列举的公孙龙的诡辩。如果取运动着的箭的瞬间来观察，那么它应该是停留在某个空间的点。在这样停留于某个空间的点的限度内，就这个瞬间来说，运动是不能有的。在下一个瞬间，或者再下一个瞬间，箭的飞行这件事也是不存在的。这样就陷入了"飞矢不动"的矛盾。

这个矛盾是怎样来的呢？公孙龙并没有深入的探究。印度的龙树在《中论》中将几乎同一个矛盾，作为"已不已的矛盾"讨论了。这一点已经说过。龙树不仅是指出矛盾，也弄清了其矛盾的根据。即认为运动着的东西在各个瞬间是静止的，这是由于把瞬间实体化，并看作是孤立的不连续的东西而产生的谬误。只要不把瞬间看作实体的，就不会构成非连续的瞬间，则"运动着的东

---

① 参见胡适：《先秦名学史》，第119页。

西在各个瞬间是静止的"这样的矛盾命题,也就不会产生。这是龙树的非常锐利的理论。公孙龙还没有考察这种矛盾的根据。也许可以说在这里存在着他自身以及中国古代思想的逻辑界限。

同样在《天下篇》中还有"飞鸟之影未尝动也"(飞鸟的影子从来没有动过)的命题。这个命题与前一命题是异曲同工的矛盾,因此矛盾的根据也与上述相同,不过与此几乎是同一的悖论。值得注意的是,这些命题同上述芝诺的否定运动的第三个主张(飞矢不动,运动是一系列静止的总和)一样。

(五)只停留于表达矛盾

公孙龙的诡辩包含了堪与古希腊的芝诺或古印度的龙树相匹敌的高度逻辑洞察。不过在芝诺那里,是通过悖论否定变化的世界,断定唯一不动的存在。而在龙树那里,是以矛盾为理由来否定实体观。即两者都具有通过悖论或矛盾来达到无矛盾的认识这种积极的态度。而公孙龙只是满足于提出矛盾的表达,没有进行更多的论述。通过转化矛盾来贯穿合理性,或者根据矛盾来认识合理性的界限这种积极的态度,是欠缺的。公孙龙以及一般中国古代思想家,在认识了有限和无限之间的矛盾之后,就简单做出结论,认为即使不同的概念,如果看到了共同点,就是相同的。

为什么会产生这样的结论呢？这是因为，例如"一尺之棰"的有限概念和"万世不竭"的无限概念由于外延相同，仅就这点来说，二者是同一的，于是外观的差别消失了，进一步追求解决矛盾的必要就不存在了。

于是，尽管敏锐地发现了矛盾，但在尚未逼近其问题的本质时，就中止了思考。这是由于中国古代逻辑是概念的逻辑，充其量只考虑概念的外延关系的必然结果。为了超越这个界限，探索矛盾的根据，把合理性贯彻到底，就应该在概念之外，把判断（命题）和推理等作为独立的逻辑形态来认识，而这在中国古代思想中是办不到的。

第三节　形式逻辑学的终结

一、《荀子》的正名思想

（一）对条理井然和名称结合的说明

中国古代逻辑思想的集大成者是荀卿。他是比战国时代的孟子（孟轲）稍晚的思想家，同样崇奉儒教。与孟子倡导性善论相反，他提倡性恶论。为此，后世儒家视之为异端。然而他的主张是条理井然的，是非常合理的。荀子的主张与17世纪的托马斯·霍布斯很相似，二者的逻辑思想也有一脉相通之处。

霍布斯在近代西方最早倡导唯名论。其唯名论主张，只有个别事物才是实在的，而普遍的东西只不过是共同的名称。因此，从普遍性的角度思考事物，只是共同名称的结合，于是逻辑不外乎是名称或符号的组合运算，由此符号逻辑就产生了。不过，站在霍布斯的唯名论正相反对的立场的莱布尼茨的思想，也是符号逻辑的另一源泉。

与霍布斯一样，荀子把名称（名）的结合看作思维的本质。因此，把名称的正确结合作为对事物的正确思考。这是一种唯名论思维方式。这也可以由他把他的逻辑学叫作"正名"这一点看出来。"正名"是出自《论语》的词。在《论语》中，"正名"以道德的意义为主。与此相反，荀子是纯粹从逻辑学的意义上来使用"正名"一词的。即在荀子那里，是正名的逻辑学，是唯名论的逻辑学。不过这里名就是概念，所以，"正名"也就是概念的逻辑学。

如上所述，中国古代的逻辑思想，一般是概念的逻辑学，而对它具有明确自觉和系统叙述的是荀子的"正名"思想。在这个意义上，正如宇野精一博士所说，荀子的逻辑学说是"中国古代逻辑思想的集大成"[①]。以下据《荀子·正名篇》来概观荀子逻辑学说的梗概。

（二）名的种类和制名的目的

1. 名的种类。荀子把名分为四种，即刑名（刑法的

---

① 参见阿部吉雄：《中国的哲学》，第62页。

名)、爵名(爵位的名)、文名(文物的名)和散名。按照刘子静的解释,刑名和爵名属于政治范围,文名属于仪式和教育的范围,剩下的散名是实物的名和抽象名词。[①]因此,前三者是实践上的概念,只有散名是关于认识或逻辑的概念。

2. 制名的目的。制定这些名有三个目的:指实、搞清贵贱的分别、辨别同异。

(1)指实。区别和指示对象是名的第一目的。这是说的符号的基本功能。即使在现代,这也是完全适用的主张。

(2)搞清贵贱的分别。这是指刑名的政治、道德功能。

(3)辨别同异。意思是区别事物的同一与差异。而同异是概念逻辑学的基本概念。

(三)辨别同异的三个阶段

辨别事物的同异,是概念逻辑学的基本任务。荀子把其辨别过程分为以下三个阶段:天官、征知、制名。

1. 天官。这是指五种感觉的感觉器官。首先,凭借感觉器官,感受和记忆(簿)物质的性质。其次,心把其感受和记忆作为对象来认知(即征知)。

2. 征知。这是把感觉表象作为对象来加以把握。接

---

① 参见《荀子哲学纲要》,第63页。

着对这种认知对象命名（制名）。

3．制名。这是显露区别，辨别同异。

这三个阶段，是认识对象的成立过程，荀子对此有非常明确的论述。然而重要的是，荀子明确认识到了认识对象不仅是凭借感觉经验，而且需要借助名（语言、符号）的媒介。总之，在清楚窥见其唯名论立场的同时，更应引起重视的是，荀子严密追索认识自身的起源和契机的合理态度。

（四）对名从逻辑上进行分类

确定事物同异的名，从逻辑上可有如下分类：单名、兼名、共名、别名。

1．单名。这是如"马""牛"这样的单一概念。

2．兼名。这是如"白马"这样的复合概念。

3．共名。这是如总括"马""牛"等而称为"动物"这样的共同概念。

4．别名。这是共名的反对概念，是区分共名而产生的。例如区分"动物"的共名而成为"马""牛"等时，就构成别名。

因此，借助于西方形式逻辑的用语，共名是属概念（genus），别名是种概念（species）[①]。这是与墨家的达名、

[①] 参见范寿康：《中国哲学史纲要》，第59页。

类名一样的思维方式，而在墨家那里，还有作为固有名词的私名，相比之下，荀子没有明确列举与此相当的名。取代这一点的是，荀子把别名分为大别名和小别名，而把共名区分为一般共名和大共名。这是属种层次的再细分，特别是大共名相当于最高属概念（genus generalissimum），从亚里士多德逻辑学来说，相当于范畴。

刘子静解释说，确立了这些概念的层次，表示荀子已经认识到了概念内涵和外延的关系。然而这是过分好意的补充解释，从《荀子》的字面上不能这样看。从使用大别名、小别名这样的大、小的言词来看，毋宁说如大滨氏所解释的是概念外延上的包含关系更为适当。① 总之，如果像这样把诸概念从最普遍的到最特殊的排列起来，由于明确了各概念的适用范围，事物的同异就得到辨别，思考的混乱就不会产生。

根据这种概念的属种区别来规定概念的意义，就是"正名"。这与亚里士多德的"定义"几乎一样。因此可以说荀子逻辑学的中心是定义论。然而，种概念的定义，是凭借属概念和种差（表示从属于同一属概念之下的种概念与种概念间的差别的特性）相加而构成，而荀子的"正名"中缺少相当于种差的东西。在这点上，应该说它比亚

---

① 参见大滨浩：《中国古代逻辑》，第135页。

里士多德的"定义"稍逊一筹。

（五）根据正名论批判诡辩

荀子用这个"正名"的理论来批判名家的诡辩。他说诡辩有如下三种，称之为"三惑"：用名以乱名（错误地用名以搞乱名）；用实以乱名（错误地用对象以搞乱名）；用名以乱实（错误地用名以搞乱对象）。

1．用名以乱名。例如说"杀盗非杀人"。意思是，由于这里的"盗"表面上不包含"人"的言词，由于"杀盗"不是"杀盗人"，所以就不是杀人。荀子认为，很明显，这是由于只看言词的表面，而无视其语义内容而产生的错误。

2．用实以乱名。例如说"山渊平"。荀子认为，这是由于无视对象上的差别来使用言词而导致的错误。

3．用名以乱实。例如说"白马非马"之类。荀子认为，这是由于从"白马"和"马"言词上的不同一，而看作对象上也不同一，从而所产生的错误。

荀子认为用这三种惑可以处理一切诡辩。即使不考虑可以解决一切诡辩，也可以说，荀子把诡辩的基本形式巧妙地整理为这三惑，充分表现了他逻辑思考力之强劲和尖锐。

二、《韩非子》的矛盾律

（一）以战国为背景的敏锐的社会洞察

中国古代的概念逻辑学以《荀子》为顶点，在其后未见发展。但是在《荀子》中还没有被充分论述的作为合理性根本原理的矛盾律，在《韩非子》中初次明确地讨论了。

韩非是战国时代末期韩国的公子。他当时面对强秦，为保持自己国家的独立，想尽计谋，费尽心血，苦思了富国强兵的计策——权谋术数，并进行了阐述。为此，他被后世的儒者作为恶德的代表来加以非难。

然而，如果读一读现存的《韩非子》，可以看出它未必是阐述恶德的书，毋宁说其信赏必罚的思想等是非常近代的、合理的法治主义。其社会观是根据荀子的性恶论，过分注重观察社会的黑暗面，然而这比漫不经心的性善论是更为敏锐的对社会现实的洞察。这是他的严格的合理精神的表现，而其最集中的表现是对矛盾律的揭示。

（二）不能被矛刺破的盾和能刺破盾的矛不能两立

《韩非子·难一篇》有如下一段文字：

> 楚人有鬻盾与矛者，誉之曰："吾盾之坚，物莫能陷也。"又誉其矛曰："吾矛之利，于物无不陷也。"或曰："以子之矛，陷子之盾，何如？"其人弗能应

也。夫不可陷之盾与无不陷之矛，不可同世而立。

这是"矛盾"一词的起源。这一段文字是说，如果有什么也不能刺破的盾，就不能有可以刺破它的矛；或者有什么都能刺破的矛，就不能有不被它刺破的盾。因此不能两者同时肯定。很明显，这是表达了矛盾律。

所谓矛盾律，是这样一种原理，即一个命题，如"这朵花是红的"这个命题，不能同时是真的，并且又是假的。换句话说就是，对于一个主项（"这朵花"），不能既给它附加，同时又不给它附加同一个谓项（"红的"）。这是合理思考的根本原理。这为什么能够成为原理呢？因为，如果假定"这朵花是红的"和"这朵花不是红的"同时为真，则第一，由于"这朵花是红的"为真，那么其否定"这朵花不是红的"就为假，而这与假定相反。或者第二，如果"这朵花不是红的"为真，那么其否定"这朵花是红的"就为假，而这也与假定相反。因此，不论在哪种情况下，假定都不能成立。这种假定成立，同时另一种假定就不成立，左右为难。这就成为自杀论法（自我否定的论证方法，归谬法）。如果允许这种矛盾命题存在，思考事物的作用就被破坏了。所以在思考事物的情况下，矛盾是不允许存在的。

这个矛盾律，在古希腊是由柏拉图和亚里士多德建立的。而韩非比他们几乎迟了一百年，不过也可以说，韩非具有和他们一起最初发现矛盾律的功绩。而由于矛盾律是合理思维的根本原理，所以也可以说，中国古代的逻辑思想或者合理精神是由韩非完成的。

（三）《韩非子》矛盾律的结构

《韩非子》的矛盾说是凭借譬喻来阐述的，加之是作为政治论的一部分来论述的，所以，对其矛盾说自然也有"不是形式逻辑学上的矛盾律"的批评。现在试分析《韩非子》的学说，以考察上述意见的当否：

1. 楚人拿的矛用 a 表示。
2. 楚人拿的盾用 b 表示。
3. 刺破的作用用 f 表示。
4. 一般地，"矛 x 刺破盾 y"用公式表示为：

$f(x, y)$

5. "矛 a 刺破盾 b"用公式表示为：

$f(a, b)$

6. "我的盾非常坚固，什么东西也不能刺破它"这个命题，是"无论什么矛也不能刺破这个盾 b"的全称否定命题。因此可以表示为：

$(\forall_x) \sim f(x, b)$

7. "我的矛非常锐利，什么东西都能刺破"这个命题，是"这个矛 a 能刺破一切盾"这个全称肯定命题。因此可以表示为：

$$(\forall_y)f(a, y)$$

8. 在把 6 和 7 作为前提的情况下，"这个矛 a 刺破这个盾 b"应该怎样说呢？

首先，由 6 的全称否定命题可得：

$$[(\forall_x) \sim f(x, b)] \to \sim f(a, b)$$

其次，由 7 的全称肯定命题可得：

$$[(\forall_y)f(a, y)] \to f(a, b)$$

因此，由这两个公式的合并，则下式成立：

$$[(\forall_x) \sim f(x, b) \cdot (\forall_y)f(a, y)] \to [\sim f(a, b) \cdot f(a, b)]$$

然而，如果 6 和 7 作为前提成立，则由于 8.3 的左边为真，据推理规则，其右边也应该为真。即下式成立：

$$\sim f(a, b) \cdot f(a, b)$$

这个命题是"矛 a 不能刺破盾 b，并且能刺破盾 b"，是矛盾命题。

所以，《韩非子》的矛盾学说包含着形式逻辑上的矛盾，所谓"不相当于形式逻辑学上的矛盾"的批评是不适当的。总之，《韩非子》是以实例的形式，明确揭示了矛盾的结构，确立了矛盾律。

中国古代的形式逻辑学，凭借《荀子》的概念逻辑学，加上《韩非子》的矛盾律，而宣告完成。把这些作为形式逻辑的基本部分，还应该再构成判断论（命题论）和推理论等，不过在这方面的探索，未能得到进一步发展。

第四节　通向调和的辩证法

一、《易经》的合理思想

（一）一切都是阴阳二元的组合

中国古代的形式逻辑已如上述。与形式逻辑并行，可以看到另一种独特逻辑的发达。其代表是《易经》的阴阳说。《易经》原来是占卜的书，以后又被加进儒教的道德的解释而成为现在传下来的形式。其思想是，一切现象都可以凭借阴（消极性）和阳（积极性）这二元的组合来加以说明。

这二元（称之为爻）用 -- 和 ― 表示，这两个爻经三次重叠，而构成乾 ☰、兑 ☱、离 ☲、震 ☳、巽 ☴、坎 ☵、艮 ☶、坤 ☷ 的八卦，八卦再经两组的组合而构成六十四卦。用这六十四卦来说明一切现象的安定和不安定的状况。不过，从基本上说，用以下四种排列可以说明每个现象，即：阴阴 ⚏、阴阳 ⚎、阳阴 ⚍、阳阳 ⚌。在必要时，还可以把它们再复合。因此，并没有限于八卦或六十四卦的必然性。关于卦的数目没有合理说明的根据。而一切现象都可以凭借阴和阳这二元的组合来加以说明。这种思维方法决不是胡说八道。

　　阴是消极性，在逻辑上是否定。阳是积极性，是肯定。一切现象必然具有消极面和积极面，一切判断也必然具有否定和肯定。因此，用阴阳二元的组合来说明一切状况，是合乎道理的，即合理的。

　　这种观点不是把事物孤立起来作为实体，而是作为相互关系来加以说明，所以这可以说是函数的思维方法。不过数学的函数是指从属变数（应变数，应变量）随独立变数（独立变量）的变化而变化。而易的阴阳说是阴和阳互为从属变数的形式。因此，若与数学类比而言，易的阴阳说是把函数和反函数合而为一。这样，把它叫作函数关系论的逻辑也是合适的。易的逻辑是试图从阴阳的相对关系上来观察一切。这比实体论的观察方法更适合于现实，其意义是合理的。

　　这种相对的关系论的阴阳说有三个特性：第一是阴阳的相对性，第二是阴阳的均衡关系，第三是阴阳的交替变化。

　　（二）阴阳的相对性

　　阴是消极性，阳是积极性，这些不是事物所固有的本质，而是由事物和事物的相互关系所确定的性质。例如男可以看作阳，女可以看作阴。但这是在男和女相对时是如此。男若对双亲来说是阴，女若对子来说是阳。即阴阳是什么对于什么来说是阴或是阳，所以从逻辑上说，这些都不是单项谓词，而是二项谓词。由上例来说，即：

男对女来说是阳。

男对双亲来说是阴。

因此，个别事物 a，相对于另一个别事物 b 来说是阳，而相对于第三个个别事物 c 来说，又成为阴。即阴阳是相对的二项关系（或相对的二项谓词）。这是阴阳的根本特性。

用符号逻辑来表示，对于任意的个别事物来说，下式成立：

（∃$_y$）阴（a，y）·（∃$_z$）阳（a，z）

这个公式的意义是指："个别事物 a 对于某一事物 y 来说是阴，而对于某一事物 z 来说是阳。"把这个个别事物 a 一般化，即对于一切个别事物 x 来说，如果上述关系成立，则下式成立[①]

（∀$_x$）〔（∃$_y$）阴（x，y）·（∃$_z$）阳（x，z）〕

这是阴阳的相对性的逻辑结构。这种相对性在《易经》中是用爻的位置来表示的。例如"屯"卦，是 ䷂ 的形式，上面三个叫外卦，下面三个叫内卦。并且由内卦的最下的

---

① 这个公式读作：对于一切 x 而言，有 y 使得 x 对于 y 是阴，并且有 z 使得 x 对于 z 是阳。

爻开始列举，第一、第二，顺序上行，直到外卦的最上的第六，就是爻的位置。在这些爻的位置中，奇数（一、三、五）是阳位，偶数（二、四、六）是阴位。因此，即使同一个东西，根据其位置的不同，或在阳位，或在阴位。于是，阴阳是依位置的不同来确定的，并不是物自身的性质。

阴阳按照位置而有别，说明事物阴阳的相对性可以用空间的坐标系来表示。例如一个男人具有如下的相对关系：对于女人是阳，对于双亲是阴，对于儿子是阳，等等。把它放在空间的位置上，就是阴位（偶数顺序）和阳位（奇数顺序）的坐标系。

从根本上说，给予这种位置决不是根据严密的理论，因此对于各卦的解释，也有很多含糊不清和恣意附会之处。不过以下这点是不能否定的重要思想。即，一切事物都可以看到阴（消极面）和阳（积极面）两面。并且其阴阳是依据相对的关系来确定的。尽管《易经》也包含了无数不合理的阐述，但时至今日，作为人类的古典文献，还持续不断地受到读者的喜爱，其理由是这种相对关系的逻辑在处世方面还可以作为极其有效的指导原理。

总之，根据这种逻辑，人生的吉凶善恶等，都可以解释为阴阳的相对关系。因此，如果能根据情况妥善处理，就会逢凶化吉，遇恶为善；如果错误处置，反会遇吉成凶，逢善转恶。所以，这种逻辑教导人们，经常根据情况慎重图谋，任何逆境不灰心，任何顺境不傲慢，应该把这些牢记在心。这种含意，在第二个特性（阴阳的均衡关系）和第三个特性（阴阳的交替变化）中，更为显著。

（三）阴阳的均衡关系

阴阳都是相对的二项关系。同时，这也意味着阴和阳的互补关系。若男对于女是阳，则女对于男是阴。若双亲对于儿子是阳，则儿子对于双亲是阴。这样，一般来说，若 a 对于 b 是阳，则 b 对于 a 是阴；或者反过来说也成立。因此，下式成立：

$$阳(a, b) \equiv 阴(b, a)$$

若再把它全称化，则下式成立①：

$$(\forall_x)(\forall_y)[阳(x, y)] \equiv 阴(y, z)$$

于是，阴和阳是互补的。在这个互补关系中，由于阴和阳也是相等的，所以称之为均衡也是可以的。同一个两项关系，若从一个方面来说是阳，则从另一方面来说就是阴，两者是均衡的。在《易经》中，对此是用"正""应""比""和"等概念来表达的。

1. 正。所谓"正"，就是阳爻在阳位，阴爻在阴位。

---

① 这个公式读为：对于所有 x 和所有 y 来说，如果 x 对于 y 是阳，则 y 对于 x 是阴。

就上述"屯"卦而言,由于在第三位(阳位)放置了阴爻,所以是不正。在其他情况下,由于位和爻一致,所以都是正。这个"正"的意义是指,在阳的位置就应该按照阳的样子来行动,在阴的位置就应该按照阴的样子来行动。或者说,双亲应该按照双亲的样子来行动,儿子应该按照儿子的样子来行动,男应该按照男的样子来行动,女应该按照女的样子来行动。

如果在阳的位置而按照阴的样子来行动,在阴的位置而按照阳的样子来行动,由于破坏了阴阳的均衡,所以是"不正"。总之,所谓不正,就是"a 对 b 是阳(或阴),就不能同时 a 对 b 是阴(阳)"。从逻辑上分析,可以看作如下关系:

$$\sim [阳(a, b) \cdot 阴(a, b)] \qquad (1)$$

这可以看作一种矛盾律。由于阳和阴有否定关系,所以可以承认下式成立:

$$阳(a, b) \equiv \sim 阴(a, b) \qquad (2)$$

因此,把(2)式代入(1)式,则为:

$$\sim [\sim 阴(a, b) \cdot 阴(a, b)] \qquad (3)$$

很明显,这是矛盾律。因此,所谓"不正",就是阴阳的矛盾。"不正"可以说是"凶",这意味着矛盾是不成立的。与此相反,"正"由于是指阳为阳,指阴为阴,所以是一种同一律。就是说:

阳（a，b）→阳（a，b）

或者：

阴（a，b）→阴（a，b）

"正"和"不正"是阴阳的位置和爻的关系，然后从位置和位置的关系来观察均衡，就产生了"应""比"等关系。

2. 应。所谓"应"，是内卦和外卦的对应，即第一和第四，第二和第五，第三和第六的对应。在这种对应中，一方如果是阳（或阴），则另一方为阴（或阳），这就叫作"应"。而当两者都是阳，或者两者都是阴时，就叫"不应"。例如，一方作为父亲来活动，与此相对的一方若作为儿子来进行活动，就叫作"应"；而如果不作为儿子来进行活动，就叫作"不应"。总之，当 a 对 b 为阳（或阴）时，与此相对应的 b 对 a 如果为阴（或阳），则其关系是"应"。或者当 a 对 b 是阳（或阴）时，与此相对应的 b 不为阴（或阳），而为阳（或阴），就是"不应"。从符号逻辑上分析，所谓"应"是指：

阳（a，b）→阴（b，a）

或者：

阴（a，b）→阳（b，a）

这不外乎是阴阳的互补性（均衡）。而所谓"不应"是指：

$$\text{阳}（a，b）\cdot \sim \text{阴}（b，a） \tag{1}$$

或者：
$$阴(a, b) \cdot \sim 阳(b, a) \quad (2)$$
这些是矛盾式。这是由于，如上所述，则：
$$\left. \begin{array}{l} \sim 阴(b, a) \equiv 阳(b, a) \\ 阳(b, a) \equiv 阴(a, b) \\ 阴(a, b) \equiv \sim 阳(a, b) \end{array} \right\} \quad (3)$$
而据（1）和（3），则：
$$阳(a, b) \cdot \sim 阳(a, b) \quad (4)$$
这个（4）式是矛盾式。由（2）式也产生完全同样的矛盾。因此，"不应"就是由于是矛盾的关系而不被允许。《易经》嫌恶"不应"，就是因为它是矛盾。

3. 比。"应"是内卦和外卦的对应，与此相对，"比"是指各爻上下的关系。即是第一和第二，第二和第三，第三和第四，第四和第五，第五和第六之间的上下的对应。在这种情况下，如果相邻的东西是阴阳互相反对，就叫作"比"。如果相邻的东西都是阳，或都是阴时，就不叫作"比"。例如在上述的"屯"卦中，由于第一位是阳爻，第二位是阴爻，所以是相比。而由于第二位和第三位都是阴，所以是不相比。

这种"比"的概念，从逻辑上可以看作与"应"一样。不过"比"似乎可以解释为相邻的均衡关系，而"应"则是不相邻的然而也是重要的均衡关系。因此，比是起着应的相互补充作用的均衡关系。其他还有"承""乘"等关于阴阳的均衡关系的诸概念。而其本质，归根结底可以看作阴阳的相互补充的均衡，这似乎是无大过的。

4. 和。实现了用正、应、比诸概念来表示的阴阳的均衡，就是"和"。"乾"卦的象传所谓"保合大和"就是如此。① 这是指保持调和。而保持调和，就是排除"不正"或"不应"而实现阴阳的均衡。例如"家人"卦的象传说："女正位乎内，男正位乎外。男女正，天地之大义也。"这是"和"的好例。每个人在其阴阳的位置相应地行动而互相补充，就可以同样地相互肯定。这就是均衡，就是和。因此，所谓和，就是若 a 对 b 是阳，则 b 对 a 是阴，或相反也成立。也就是实现如下这种相互补充的相等关系。由于阴阳的矛盾对立概念构成相等关系，所以把和说成是"矛盾的同一性"也可以。

不过，矛盾对立的是阴阳的概念，不是命题。而同一是两个命题而不是矛盾概念自身的同一。因此，"矛盾的同一性"实际上是指"关于矛盾概念的命题的同一性（相等）"，这样就不违反矛盾律。况且由于矛盾对立的概念通过同一性（相等）而得到综合、统一，所以可以说这是一种辩证法的思考。其辩证法的性质，在下述特征中更为显著。

---

① 象传：讨论《易经》卦义的文字，也叫卦辞。——译者

5. 阴阳的交替变化和辩证法。由于阴阳是相对的两项关系，不是事物所固有的性质，所以它就应该随着情况的变化而交替变化。例如一个男人，对于双亲来说是阴，对于女人来说是阳。于是同一人物适应着其他的关系由阴而阳或由阳而阴地转化着。这样，万物都通过相互的关联，或为阴，或为阳，阴阳不断交替变化。这是万物生成之道。《系辞上传》说："一阴一阳之谓道。"（或为阴，或为阳，这就叫作道）就是说的阴阳交替的道理。这个道理，既是自然法则，又是道德法则（规范）。这就是儒家对《易》的解释。《系辞上传》又接着说："继之者善也。成之者性也。"（继承它就是善。实行它就是性）所谓"继之者"，是把阴阳交替的道理作为规范，而依据它来行动，这就是道德上的善。所谓"成之者"，是实现阴阳交替的道理，这是事物的本性。

二、《易经》的关系逻辑

（一）肯定、过程、调和与循环

如上所述，在《易经》中，考察了阴阳交替变化的道理，而这种道理是贯穿自然现象与道德的根本原理。由于这是依据阴阳的矛盾对立概念的相互关系来说明万物的生成变化，所以是以矛盾为媒介的逻辑，即一种辩证法。

《易经》辩证法的特征可以看出有四点：第一是肯定

的辩证法；第二是过程的辩证法；第三是调和的辩证法；第四是循环的辩证法。

第一，《易》的阴阳交替的理论，与龙树《中论》否定的辩证法不同，并不是用来否定合理思维而向非合理的体验移行的逻辑。它是在合理思维的范围内，以矛盾为媒介而重新获得肯定的逻辑。因此，它是肯定的辩证法。

第二，《易》的理论，并不是在天台宗的"三谛圆融"说中所见的非阶段的、非过程的同时性的直观的思维方法。由于它是依据同一事物跟其他事物的关联来讨论阴阳变化的过程，所以是过程的辩证法。

（二）包含斗争的调和的辩证法

第三，《易》的理论尽管是以阴阳的矛盾对立为媒介，而实际上它并不是根据矛盾来否定事态，而是追求矛盾调和的逻辑。因此，它是调和的辩证法，不是如马克思主义那样的斗争的辩证法。所谓矛盾的调和，就是把阴阳这两个矛盾对立的概念在相互补充的关系中联结起来。

例如，父亲对于儿子是阳，儿子对于父亲是阴。阳和阴的概念是矛盾对立的。而父亲对于儿子是阳的命题，和儿子对于父亲是阴的命题则是互补的，相等的。矛盾对立的概念通过相等的命题而联结起来。这是阴和阳的均衡，它的实现就是调和。所谓"生成"之道，就是以这种调和的实现为目标，而排除不均衡（不正，不应）。总之，

《易》的辩证法是调和的辩证法。

为了实现调和，就应该不断排除阴阳的不均衡。所谓"父父，子子"①就是调和。为了实现这种调和，就应该排除父不作为阳来活动，子不作为阴来活动之类的不均衡（不正，不应）的状态。排除这种不均衡，是否定的活动，这也不能说不是斗争。因此，《易》的调和的辩证法也是包含斗争这个要素的。明显表明这一点的是"革"卦。这是肯定革命的卦。其彖传说："天地革而四时成，汤武革命顺乎天而应乎人。"这是说，自然界的四季（春夏秋冬）和人类社会都是通过斗争而重新构成的。不过，《易》的这种斗争，只是排除不均衡（不正，不应），并不是打倒其他的敌人。排除不均衡，就是实现调和，即"保合大和"。由于没有阴就没有阳，没有阳就没有阴，所以阴阳是互相肯定的。这就是均衡，就是调和。因此，《易》的本质是调和的辩证法。

（三）一切都在循环当中

第四，《易》的理论，叙述了阴阳交替，万物变化。其交替是往复的，其变化是循环的。例如，阴即使成为阳，以后的变化，阳只能成为阴。因此，阴阳是重复的，循环的。"乾"卦的象传说："终日乾乾，反复道也。"这

---

① 参见《家人》卦象传。

是说，自然现象自身是按照一年四季、一日昼夜这样永远往复和循环着的。并且这种往复循环被看作道德的规范。因此，其辩证法是循环的辩证法，不同于黑格尔或马克思那种直线的辩证法。

可是，黑格尔的思想是采取如下的形式，即绝对精神顺序地实现自己，最后通过完全的自我实现而向自己复归。因此，这也可以说是一种包含循环的思想，不过其最初的东西和最后的东西并不是完全相同的。最初的东西是不自觉的可能性，最后的东西是自觉的现实性。因此，这并不是像昼夜反复那样的真正意义上的循环。而《易》的变化，正如《系辞上传》所说："变通配四时"，即是指昼夜、四季那样的真正意义上的循环、往复。

总而言之，《易》的逻辑特性，正在于寻求调和、追寻循环过程的肯定的辩证法。它至少适应于过去时代现实的社会实践而具有巨大的效果。并且，即使在现代的社会生活中也具有值得学习的东西。然而，《易》的阴阳作为概念是矛盾对立的，而在互补关系中相互联结，成为相等的，并且相互肯定。因此，在这里缺乏真正意义上的否定，不是通过否定的自我反省，不是合理性的彻底反省。这是《易经》的合理性的界限，也是古代（和后代）中国思想合理性的界限。

然而即使在中国古代，合理性的自我反省也并不是完全没有。由于老庄思想就是站在这种反省的基础上，由合理性向着非合理性转化，所以其逻辑是一种以否定为中心的独特逻辑。

第五节　东方的自然和社会

一、无包藏着有

（一）否定儒家道德根源知识的把握

《老子》的写作时代和作者是不清楚的。一般认为，是春秋时代的老子写的，而老子是孔子的前辈。不过，现存《老子》的内容，是以批判儒家道德为中心。例如"大道废有仁义"[1]这个有名的文句，很明显地是批判作为儒家道德基本内容的仁义的。因此，由于《老子》的相当部分被推定为儒家流行后写的，所以可以认为是春秋末期的作品。

如果在这种前提下来读《老子》，其自然无为之说可以解释为对儒家唯理论的批判，是合理精神的自我反省。

儒家是唯理论的道德论，认为先天的道德原理可以从知识上来把握。《老子》是从对这种唯理论的道德论的批判出发的。就是说，对于道德根源知识的把握这个儒家的

---

[1] 《老子》第18章。

大前提，首先就给予否定。《老子》开头"道可道非常道"这个文句就是如此。意思是，从知识上来表达的道（道德的原理），并不是真正的原理。作为根源的东西不能从知识上合理地把握，因此不能用肯定命题来表达。而充其量只能用消极的、否定的表达来象征。即应该说根源是不能命名的。《老子》第1章"无名天地之始"这一文句，就是这个意思。

（二）无名天地之始，有名万物之母

这样一来，道德和一切现象的根源是无名，是合理性的超越，是非合理性。现实的现象世界是由这个非合理的无名者出发的合理的东西。接着"无名天地之始"这句话，《老子》又说："有名万物之母。"这个"有名"，意味着可以合理表达的东西。整个一句的意思是指"合理性是贯通现象（万物）的特性"。

这样，无名和有名或非合理性和合理性的对立，就构成《老子》的根本逻辑。它认为，由非合理的无名中产生合理的有名的世界。因此，在非合理的无名中，已经包含着合理性的根源。

> 有物混成，先天地生。寂兮寥兮？独立不改，周行而不殆。可以为天下母。吾不知其名，字之曰道。[1]

---

[1] 《老子》第25章。

在这一段文字中，清楚地表达了一种主张，即在非合理的无名中，已经包含了合理的有名的根源。先于天地的是不可名状的某种东西，是"混成"的、混沌的、无限定的东西。然而，在其中"周行而不殆"，即包含着依规则正确进行循环的性质。有规则的循环，是自然现象的根本法则。因此，在无名的根源中，已经包含着合理的自然法则。即，无名包含有名，非合理性潜藏着合理性，无包藏着有。这就是《老子》的根本思想。

并且可以认为，无和有的这种对立结合，不仅在根源和现象间存在，而且现象界也是无和有的对立结合，道德也是无和有的对立结合。这样，在《老子》的全部思想中都贯穿着无和有的对立结合这种辩证法的逻辑。这可以分为三部分来考察。第一是无名和有名的对立结合，第二是无用和有用的对立结合，第三是无为和有为的对立结合。

二、自然和社会

（一）无名和有名的对立结合

如上所述，无名是根源，有名是现象。无名的根源是超越合理的把握的非合理性，由于在其内部包含了现象的合理的法则，所以并不是单纯的无。而是包含着限定的无限定性。限定其无限定性的，是有名的现象界。

所谓有名,就是合理性。合理性具有两个条件:第一是根据名来区别事物;第二是在被区别的事物间发现规则性的重复(尤其是规则性的循环)。这个有规则的重复是自然的法则。《老子》把这一点表达为"道法自然"①。

这样,合理性首先依据命名来区别。而区别就是限定。由于限定不外乎是限定无限定性,所以,有名这种形式的合理性,是凭借着限定无名这种无限定性而得以确立的。如果没有无限定性,就没有限定。如果没有无名,就没有有名。如果没有非合理性,就没有合理性。无限定性、无名和非合理性,是限定、有名和合理性的必要条件。所谓"无名天地之始""先天地生",就是说无名是有名的必要条件。

这样,作为有名的合理性的根据(必要条件),而确立无名的非合理性,是非常合理的。这是一种辩证法,它合理地超越合理性,然而又以合理性为基础。这种逻辑可以整理如下:

1. 限定(有名、合理性)是无限定(无名、非合理性)的限定。

2. 因此,如果有限定,就一定有无限定。即限定(有名、合理性)是无限定(无名、非合理性)的充分条件。

---

① 参见《老子》第25章。

这是规定依赖于合理性的非合理性。

3. 如果没有无限定，就没有限定。即无限定（无名、非合理性）是限定（有名、合理性）的必要条件。这是给出依赖于非合理性的合理性的根据。

这样，无名和有名的辩证法，就是一种相互相关性的逻辑，即这一方靠另一方来规定，而另一方又以这一方为基础。这具有与大乘佛教般若系统的思想，尤其是三论宗等所看到的逻辑酷似的结构。不过《老子》同佛教也有不同。第一，《老子》的逻辑，是上述的无和有的发生论，而在佛教那里没有发生论。第二，作为发生论的必然结果，《老子》的无名是无这种实体，而佛教的空是对一切实体的否定。

由于包含着这种发生论的、实体论的思想，《老子》无名和有名的逻辑还没有构成纯粹的辩证法。

（二）无用和有用的对立结合

无和有的逻辑的第二部分，是有名（现象）世界的无用和有用的对立结合。

《老子》第 11 章中说：

　　埏埴以为器，当其无，有器之用。凿户牖以为室，当其无，有室之用。

器皿有它的作用，是由于其中的空虚。房屋有它的作用，也是由于其中的空虚。因此，器皿外侧的有和内侧的无的结合，就构成器皿这种有限物的作用。房屋四壁的有和内侧的无的结合，就构成房屋这种有限物的作用。这样一来，一般有限物的作用就凭借无和有的结合而构成。据明代沈一贯的注释，王荆公就用下述文句来说明：

> 无为万物之所以生，有为万物之所以成。[①]

这种说明是非常含混的，但这里试图用无、有和生成这三个概念来说明事物的作用这一点，是值得注意的。《老子》的第11章本文的逻辑确实是由无（无用）、有（有用）和生成这三个概念构成的。并且这与黑格尔在其《逻辑学》的开头所展开的有、无、生成的辩证法很相似。但在黑格尔那里，有构成最初的基础，而无不过是其否定。相反，在《老子》那里，先有无（空虚），然后用陶土、四壁这样的有来对其加以限定，无和有的结合就生成器皿和房屋。因此，无不仅构成最初的基础，而且构成事物作用的本质，有只不过构成无的补助。因此，与黑格尔的辩证法中有、无和生成的顺序不同，《老子》的辩证法是按照无、

---

① 沈一贯：《老子通》上。

有和生成的顺序。就是说，它是以无为中心的辩证法。

虽说是以无为中心，但由于通过无和有的互补关系而构成事物的作用，所以《老子》是互补性的逻辑。因此，这与《易经》的阴阳的逻辑酷似。不过，在《易经》中，是以阴阳的均衡为中心。在《老子》中，则是无和有的互补性问题。因此，在前者，寻求均衡的积极努力是必要的。在后者，则要求以有补无，或反过来以无补有这种消极态度。而这个不同，在下面无为和有为的对立结合这第三阶段更为明白。

（三）无为和有为的对立结合

社会是自然的一部分，同时又可以认为是反乎自然的东西。《老子》第18章说：

　　大道废有仁义。智慧出有大伪。

这清楚地表明仁义是反自然的东西。仁义是伪。社会来源于自然，又做着反乎自然的行为。人为是构成义的有为。相反，自然是无为，是与人为有别的东西。

《老子》第37章说：

　　道常无为而无不为也。

就是说，自然是与人为不同的无为。因此，同自然现象是凭借无用和有用的结合而构成的，社会由于是来源于自然而又反乎自然的东西，所以也可以认为是自然（无为）和反自然（有为）的结合。然而，唯有无为自然才可以被认为是本质的东西，所以，社会就应该舍弃由自己产生的反自然的人为性，而服从无为。无为自然不仅是自然的本来面目，而且是社会行为的规范，是人为性的补充。因此，社会生活的逻辑是由无为和有为的结合互补而构成的。不过，由于有为是作为应被否定的反自然而存在的，所以，它作为具有否定作用的东西是必要的。即有为作为应被舍弃的要素是必要的。例如，知性归根结底是应被舍弃的东西。所以说：

绝学无忧。①

又说：

绝圣弃智。②

---

① 《老子》第37章。
② 《老子》第19章。

这样，理想的状态是应该全部舍弃人为的知性。不过，为了舍弃知性，知性又是必要的，知性的自我否定是必要的。一般来说，为了舍弃人为，服从自然，舍弃人为这种人为的作用是必要的。这样一来，无为和有为的辩证法，就采取了通过有为的自我否定而复归于无为的形式。对这个逻辑可以做出如下整理：

1. 有为（人为）由于产生于无为自然，所以是自然的一部分。

2. 有为作为无为自然的限定是反自然的。

3. 有为是自我否定自身的反自然性。

4. 有为的自我否定是自然由反自然到自然自身的复归。

（四）发源于自然而复归于自然

如上所述，自然一次否定自身而成为反自然，而反自然的再次否定就复归于自然自身。自然具有这种辩证法的结构，而社会可以作为其辩证法的否定的契机来看待。

这个辩证法具有与黑格尔思想正相反对的结构。在黑格尔那里，最初的东西是绝对精神，是绝对性的主观。自然仅被看作其主观的自我否定，通过其自然的再次否定，绝对精神达到自觉的阶段。在《老子》那里，与此相反，最初的东西是自然，社会的主观是被看作其自然的自我否定。进而通过其社会的否定而复归于自然。因此，前者是精神的辩证法。相反，后者是自然的辩证法。

这个不同，是根源于把自然和社会哪一个视为重点的世界观的不同。在古代东方认为，通过考察包含社会的自然，方能获得安心。这一点，即使对于我们现代人，似乎也包含着巨大的启示。

参考文献

（限于日本出版物，按原文顺序排列）

一、印度逻辑思想

《阿含部经典》（《大正新修大藏经》卷一、二。日译一切经·阿含部）

《法句经》（岩波文库）

水野弘元：《原始佛教》（平乐寺书店）

宇井伯寿：《印度哲学研究》第五（岩波书店）

《木村泰贤全集》第2卷（山喜房佛书林）

《方便心论》（《大正藏》卷三十二。日译一切经·论集部一）

松尾义海：《印度的逻辑学》（弘文堂）

宫坂宥胜：《尼耶也·巴秀也的逻辑学——印度古典逻辑学》（山喜房佛书林）

《如实论》（《大正藏》卷三十二。日译一切经·论集部二）

《因明正理门论本》(《大正藏》卷三十二。日译一切经·论集部一)

《因明八正理论》(《大正藏》卷三十二。日译一切经·论集部一。《宇井伯寿著作选集》第1卷)

《中论》(《大正藏》卷三十。日译一切经·中观部一。《宇井伯寿著作选集》第5卷,大东出版社)

宇井伯寿:《佛教论理学》(《宇井伯寿著作选集》第1卷,大东出版社)

宇井伯寿:《空的逻辑》(《宇井伯寿著作选集》第5卷,大东出版社)

中村元:《佛教逻辑思想讲解》(《中村元选集》第10卷,春秋出版社)

北川秀则:《印度古典逻辑学的研究——陈那的体系》(铃木学术财团)

《唯识三十论颂》(《大正藏》卷三十一。宇井伯寿:《唯识三十颂释论》,岩波书店)

铃木宗忠:《唯识哲学概说》(明治书院)

桂绍隆:《印度人的逻辑学》(中公新书)

此外,作为印度和中国佛教通览和简明分析的入门书有《佛教的思想》全十二卷(角川书店),其中专论逻辑思想的有:

《空的逻辑·中观》第3卷(梶上雄一、上山春平)

《绝对的真理·天台》第 5 卷（田村芳朗、梅原猛）
第 6 卷《无限的世界·华严》（镰田茂雄、上山春平）

二、中国佛教的逻辑思想

《三论玄义》（《大正藏》卷四十五。日译一切经·诸宗部一，岩波文库）

《摩诃止观》（《大正藏》卷四十六。日译一切经·诸宗部三，岩波文库）

《天台四教仪》（《大正藏》卷四十六。日译一切经·诸宗部一四）

《华严一乘教义分齐章》（即《华严五教章》，见《大正藏》卷四十五。日译一切经·诸宗部四）

《注华严法界观门》（《大正藏》卷四十五）

龟川教信《华严学》（百华苑）

三、中国逻辑思想

《论语》（岩波文库）

《墨子》（日译汉文大成）

《荀子》上、下（岩波文库）

《庄子·天下篇》（日译汉文大成）

《公孙龙子》（明德出版社）

《易经》（岩波文库）

《老子》(岩波文库)

《韩非子》(日译汉文大成)

阿部吉雄:《中国哲学》(明德出版社)

大滨浩:《中国古代的逻辑》(东京大学出版会)

加地伸行:《中国人的逻辑学》

范寿康:《中国哲学史纲要》

胡适:《先秦名学史》(英文版)

胡适:《中国哲学史大纲》

附录一　逻辑学的历史

〔日〕末木刚博　著　孙中原　译

一部逻辑学的历史，内容是极其丰富的，很难用较短的篇幅对它做一个概述。即使只为历来的逻辑学家作一个编年史也不行。因此，我们在这里把问题加以限定，决定把形式逻辑学的确立过程作为叙述的标准。为此，对常被忽视的中国逻辑思想，以及古希腊亚里士多德以前的思想，给予了比较大的注意。

一、中国逻辑学

中国的逻辑思想开始于墨翟（约前479—前381）。继承了墨翟思想的墨家（或墨者、别墨）一派，在古代来说具有相当高度的逻辑思想。与这一派并列的惠施（约前380—前300）、公孙龙（前325 [315]—前250）等名家玩弄了很多诡辩，然而在其中也可以看到合理的逻辑的萌芽。在此前后，儒家中最合理的思想家荀卿（前298—前238），展开了关于概念的正确理论。接着，在荀子影响下产生的所谓法家的代表韩非（约前280—前233），从其唯理论的观点出发，明确认识到矛盾律。这样一来，先秦时代诸子百家踏实地做了逻辑研究，并且很有进展。然而，由于作为中国思想的根本特征的对实践的偏重所造成的弊端，中国的逻辑思想没有取得比这更大的进步。不仅如此，由韩非子特地确立的矛盾律，由于老庄的无差别思想而被完全忽视，这等于切断了合理思考的根本。

（一）墨翟

墨翟的逻辑思想见于《墨子》。墨翟提出了三种论证的方法（三表，《非命上》）。第一表叫作"本之者"（被作根据者）。这是寻求立论的根据的论证。因此被解释为同演绎法相当[①]。然而演绎的形式丝毫没有被揭示出来。第二表叫作"原之者"（被探寻者）。据说这是为推行刑政，而征求人们的意见，因此被解释为归纳法。[②]然而不用说，这不是严密的归纳法。但是由于企图从多数人的意见导出刑政的法律，所以可以看到归纳法的萌芽。第三表叫作

---

① 范寿康：《中国哲学史纲要》，第74页。
② 阿部吉雄编：《中国的哲学》，第82页。

"用之者"（被使用者）。这就是由注意理论的实际上的效果来判明理论的可靠性。[1]因此，这被解释为是一种实验的方法。[2]这样一来，作为合理思考原理的演绎、归纳和实验，墨子已经认识到了（虽然不完全）。

（二）别墨（墨者）

《墨子》中的《经上》《经下》《经说上》《经说下》《大取》《小取》各篇，记录了墨翟弟子们的思想。墨翟的弟子被称为墨者或者别墨。他们的逻辑思想是相当详细的。

（a）思考是由名构成的。所谓名就是概念，或者名辞。名又有"达、类、私"三种的分别（《经上》）。所谓"达名"是如"物"这样的概念（《经说上》），这同类概念相当。所谓"类名"是如"马"这样的概念（《经说上》），相当于种概念。所谓"私名"是固有名词。于是概念的三个层次，所谓类概念、种概念、个体概念，就被清楚地认识到了。

（b）举出了辩（思维作用）的三种形式。这就是"以名举实""以辞抒意""以说出故"三种（《小取篇》）。梁

---

[1] 范寿康：《中国哲学史纲要》，第74页。
[2] 阿部吉雄编：《中国的哲学》，第82页。

启超解释这三种分别同概念、判断、推理相当①。大浜博士认为梁启超的说法不一定妥当。②然而，由于"以名举实"（用名来举出实）就是通过概念来指示对象（实），所以这是指概念的作用。所谓"以辞抒意"（用辞来叙述意）的"辞"，就是联结两个名组成命题。因此，所谓"用辞来叙述意"，就是用命题来表达思想③。所以，这是指判断的作用。而"以说出故"（用说来揭示故），就是通过说明来明确根据（故）。因此，这被解释为是推理的作用。不过，表示根据的"故"这个词，可以说含有原因和理由这两种意思。④因此，虽说是推理，可是对纯粹逻辑形式方面的东西，并没有谈到。尽管如此，在这里确实是明确地认识到了概念、判断、推理这三种思考的形式。

（c）对于"故"即根据，区别为"小故"和"大故"两种（《经说上》）。据胡适解释，所谓"小故"，是根据的一部分。所谓"大故"，是根据的全部。⑤然而，所

---

① 大浜浩：《中国古代的逻辑》第240页，参见梁启超：《墨子学案》，商务印书馆1921年版，第97页。——译者
② 大浜浩：《中国古代的逻辑》，第240页及以下。
③ 范寿康：《中国哲学史纲要》，第85页。
④ 胡适：《先秦名学史》英文版，第94页。
⑤ 胡适：《先秦名学史》英文版，第94页；范寿康：《中国哲学史纲要》，第85页。

谓"小故",就是"有之不必然,无之必不然"(《经说上》)。要用现代的用语,这不外乎是必要条件。同样地,"大故"由于被定义为"有之必然,无之必不然",这正是必要且充分条件。这样一来,墨者已经以完全的形式认识到必要条件跟必要且充分条件的区别,这是应该大书特书的。

(d)举出了所谓"辩的七法"这七种思考形式(《小取》)。限于篇幅不能对这七种一一论述,这里只就其主要之点来谈一谈。

(d.1)所谓"或",被定义为"不尽也",是说没有穷尽论述的全部范围的意思。因此,这被解释为特殊命题[1],或盖然判断[2]。也就是说辨别了与全称判断相对的特称判断。

(d.2)所谓"假"的定义是"今不然也",这被解释为假言判断[3]。这样对判断的种类的认识,虽然是不完全的,可是在某种程度上,是认识到了。

(d.3)所谓"援",被定义为"子然,我奚独不可以然也"(你可以那样,而为什么偏偏我是不能那样的

---

[1] 大滨浩:《中国古代的逻辑》,第269页。
[2] 范寿康:《中国哲学史纲要》,第86页。
[3] 大滨浩:《中国古代的逻辑》,第269页;范寿康:《中国哲学史纲要》,第86页。

呢？）。这被解释为同类比（analogy）相当。①

（d.4）所谓"推"，被定义为"以其所不取之，同于其所取者，予之也"（用其所不取的东西，跟其所取的东西是相同的作理由，而给予之）。据解释，它的意思就是，"根据还没有被了解的东西（其所不取之），与已经被了解了的东西（其所取者）是相同的这种理由，一般地可以做出肯定的结论。"②因此，这相当于归纳法。③关于这个归纳法还牵涉到了所谓"同异"的说法。胡适解释这是与穆勒的归纳法中的求同法、求异法等相当的东西。④然而这是极端扩大的解释，在《墨子·小取篇》中，完全看不到这样深入的论述。

（e）"同异"。莫如解释为概念（"名"）的外延的周延关系。不过，由于"同异"除此以外还有种种含义，这便超出单纯的形式逻辑学范围，成为复杂的东西。⑤然而例如，像"一周而一不周者也"（《小取篇》）那样的说

---

① 胡适：《先秦名学史》英文版，第99页；范寿康：《中国哲学史纲要》，第88页。
② 胡适：《先秦名学史》英文版，第89页。
③ 胡适：《先秦名学史》英文版，第99页；范寿康：《中国哲学史纲要》，第88页。
④ 胡适：《先秦名学史》英文版，第103页。
⑤ 参见大滨浩：《中国古代的逻辑》，第288页。

明，显然是论述概念外延的周延不周延问题。于是，墨者的意图被认为是想要按照概念外延重叠、一致的同异情况来进行推理。[①] 在这个限度内，大概是可以说有了外延逻辑的萌芽。

(三) 名家

被称为名家的人，与希腊的智者一样，长期以来作为诡辩家被贬低。确实，在名家所讨论的问题中，诡辩很多，但是这被认为是自觉逻辑的一个过程。因此，从诡辩中，可以看到不少非常锐敏的逻辑思想。

1.惠施

惠施的思想，在《庄子·天下篇》中，被作为"历物十事"列举出来。其中有很多诡辩，或者是难以解释的。然而像其中第一条"至大无外，谓之大一"，可以解释为，以朴素的语言表达了在现代数学中的真无限的概念。即与无限制地向外扩大下去的东西不同，由于无限大的东西在自身中包含了一切，就成了"无外"，这作为大的一个东西本身就成了"大一"（胡适把它译为 great unit[②]）。惠施的其他命题是奇特的，然而像各家解释的那样，在这

[①] 参见范寿康：《中国哲学史纲要》，第 89 页。

[②] 参见胡适：《先秦名学史》英文版，第 114 页。

里可以看到惠施想用无限概念来超越和克服有限的东西的尝试。虽然因此而忽视了形式逻辑的合理性，可是同时却也有明确其合理性的界限的功效。只是由于在《庄子》中看到的记载过于简单，详细的情况就完全不知道了。

2. 公孙龙

作为名家代表人物的公孙龙的思想，可以依据《公孙龙子》（据说原来有十四篇，现存六篇）来了解。另外《列子·仲尼篇》记载有他的七个命题。在《庄子·天下篇》中，列举了辩者二十一个命题，而其中相当数量，被看作是公孙龙的思想[1]。公孙龙所论述的东西，似乎从来被认为是诡辩的代表。然而事实决非如此，它是具有积极意义的东西，这是为近来有识之士所一致承认的。公孙龙的推理方式虽然同属名家，但不是像惠施那样用无限来超越有限，而是采取分析概念并指出其界限的形式。据说在这点上，与分析的墨家思想相通的地方是很多的。[2] 试就公孙龙所论述的若干主要之点说明如下：

（a）"白马非马"（《公孙龙子·白马论》《列子·仲尼篇》）。白马非马的论点是有名的。如果要问，为什么白马

---

[1] 天野氏把二十一个中的九个命题推断为公孙龙的思想。天野镇雄：《公孙龙子》，第111页。

[2] 阿部吉雄编：《中国的哲学》，第88页；参见谭戒甫：《公孙龙子形名发微》，第63页及以下。

不是马呢？公孙龙的回答说："马者所以命形也，白者所以命色也。命色者非命形也。故曰白马非马"（所谓马是用来命形的，所谓白是用来命色的。命色的不是命形的。所以说，白马非马）（《公孙龙子·白马论》）。就是说，"马"的概念是形态上的概念，"白"的概念是色彩上的概念，因此两个概念的外延完全不同。所以在构成"白马"的复合概念时，其外延同"马"的概念的外延也是不一致的。因此，"白马非马"。大浜博士说："把外延不同的东西看成相同的，是错误的。如果只限于考虑外延的大小，就不能把所谓'白马不是马'说成诡辩。"[①]这说得对。但是，从"白马≠马"的意义上来解释"白马非马"的命题，是对的，可是如果把"白马非马"解释成"～（白马⊂马）"，公孙龙的主张就成了谬误。总而言之，虽然白马论表现了概念的外延关系，可是由于没有达到充分的认识，留下了含糊不清的地方，结果就被看成是诡辩似的东西。

（b）"一尺之棰，日取其半，万世不竭"（一尺长的棍子，如果每天取其一半，万世不会完竭）（《庄子·天下篇》）。天野氏考证这是邓析的主张。[②]或许这也是对的。然而即使认为在公孙龙的思想中包含这种主张，也不能说

---

① 参见大滨浩：《中国古代的逻辑》，第185页。
② 天野镇雄：《公孙龙子》，第45、110页。

是不通的。总之，这一定是公孙龙或与之相近的思想家的主张。这种主张同希腊爱利亚学派的芝诺的否定运动的第二种主张（所谓阿几里斯追龟）在本质上是相同的。[①] 这像宇野博士所论述的那样，是"与数学中的公比为二分之一的等比级数的概念相类似的东西"[②]。然而在逻辑方面，从"一尺之棰"的有限中发现"万世不竭"的无限，当然会感觉矛盾。

（c）同样的逻辑，在所谓"镞矢之疾，而有不行不止之时"（急速飞行的镞矢，也有既不行又不止的时候）和"飞鸟之景未尝动也"（"飞鸟的影子还未曾运动过"）两个命题中也可以看到（《庄子·天下篇》）。这些同芝诺的否定运动的论点的第三点主张，内容是大致相同的。像这样，在分析有限的东西时，看出无限，揭示有限和无限之间的矛盾，是非常高级的逻辑推导。然而只由此还不能看到逻辑学的充分的展开。虽然像这样指出矛盾是重要的，可是只要不考虑解决矛盾的手段，就不可能有合理思考的发展。然而在公孙龙或一般中国思想家那里，在看到有限和无限的矛盾对立之后，却是简单地做出这样的结论，即不同的概念，如果就其共相角度看，都是相同的。这是对合理思

---

① 参见胡适：《先秦名学史》英文版，第119页。
② 阿部吉雄编：《中国的哲学》，第87页。

考的放弃。那么为什么在这里抛弃了逻辑呢？原因之一是受了老庄的无差别思想的影响。而另一个原因是，偏重道德的实践，轻视与实践没有直接关系的逻辑思维。然而如果从纯粹逻辑的观点来说，这是由于在处理矛盾时，对于必要的判断和推理没有充分认识的缘故。假如只想从概念的外延同异的角度考虑，那么"一尺之棰"的有限概念，与"万世不竭"的无限概念，由于外延成为相同的，两者成了同一的东西，差别就不能不消灭。于是思考断绝了，逻辑被破坏了。总而言之，因为用概念的逻辑处理不了矛盾的问题，所以公孙龙也就不能够超出概念的逻辑。

（四）荀卿

古代中国的逻辑，由墨家对判断和推理进行了一定的考察，而就其总的趋势来说，则始终是概念的逻辑。对其概念的逻辑进行整理和系统化的是荀卿。宇野博士认为荀卿的逻辑理论"应该说是中国古代逻辑思想的集大成"[1]，对此就应该从上述那样的意义来理解。即便是荀卿对判断论和推理论也并没有展开。他的逻辑思想在《荀子·正名篇》中有详细的记录。现就其要点简略地考察一下。

（a）所谓思考事物，就是通过名来辨别现实的同异。

---

[1] 阿部吉雄编：《中国的哲学》，第62页。

具有这种作用的名是概念的记号,简而言之,是相当于概念。

（b）名可以分为四种,就是"单名、兼名、共名、别名"这四种。"单名"是像"马""牛"这样的单一概念。"兼名"是像"白马"这样的复合概念。"共名"是普遍概念。例如概括"马""牛"等,称之为"动物"时,这就是"共名"。"别名"是"共名"的反对概念,是划分共名而产生的概念。例如划分"动物"的共名作为"马""牛"等时,这些就是"别名"。因此,共名和别名是相对的。共名与类概念相当,别名与种概念相当。① 于是各种概念,根据外延关系,被排列成类种的层次。② 这与墨者的"达名""类名""私名"的区别是相同的思维方法。可是对荀子来说,同墨者称为"私名"（固有名词）相当的东西是欠缺的。然而在荀子那里,共名之上有"大共名",这是同最高类概念,即亚里士多德的范畴相当的东西。如果这样把概念从最普遍的到最特殊的排列起来,明确概念的适用范围,思维的混乱就不会产生。

（c）像这样规定概念的恰当的应用,叫作"正名"。当然,"正名"这个词在《论语·子路篇》里是可以看到

---

① 范寿康:《中国哲学史纲要》,第59页。
② 大滨浩:《中国古代的逻辑》,第235页。

的，是一个包含着道德意义的词。在荀子那里，最终恐怕也有从道德上纠正社会秩序的企图。①然而作为其方法，由于是想要整理概念，规定其恰当的使用，所以"正名"可以看作是同定义相当的逻辑方法。这正好与苏格拉底为了实现善，做出概念的严密定义，以订正知识相类似。荀子也同苏格拉底一样，想要通过合理的思考，确定道德。但是，严密的定义除类种概念之外，还需要有种差，而在荀子的"正名"中却缺少这个要素。总而言之，荀子组成了概念的体系，并且达到了借以进行定义的程度。不过其定义的形式是不充分的。这是古代中国的逻辑思想的顶点。荀子用这个"正名"的武器，批判驳斥墨家、名家的主张。关于这些方面的评论不得不完全省略。

（五）韩非

比荀子晚出，在荀子影响下进行合理思考的韩非，虽然没有进行逻辑的研究，然而初次以明确的形式，把握了作为思维合理性的根本原理的矛盾律。在《韩非子·难一篇》中说："楚人有鬻盾与矛者。誉之曰：'吾盾之坚，物莫能陷也。'又誉其矛曰：'吾矛之利，于物无不陷也。'或曰：'以子之矛，陷子之盾，何如？'其人弗能应也。

---

① 参见胡适：《先秦名学史》英文版，第159页。

夫不可陷之盾，与无不陷之矛，不可同世而立。"——这就是矛盾这个词的起源。排除这种矛盾的东西的原理，被称为排除矛盾律，或简称为矛盾律。只有遵从这个原理，合理的思考才能成立。然而在仅仅想以概念外延的同异思考事物的情况下，矛盾律不能充分地应用。因为，所谓矛盾，就是对同一主词，给予相反的谓词。因此，仅在确定判断的主词和谓词关系的情况下，矛盾律才能够充分应用。而古代中国的逻辑是概念的逻辑，其判断的逻辑是欠缺的。所以，由韩非子尽力揭示的矛盾律，也就没有被充分有效地利用。这样，合理的思维是不可能不窒息的。

二、印度逻辑学

印度的逻辑学是随着宗教的思考而发达起来的。它作为求得解脱的一种手段，是驳斥、说服论敌的论证术。因此，它从很古的时代起就渐渐发展起来，特别是作为印度思想的正统派的弥曼差派，跟与其对立的胜论派之间的争论，促进了逻辑学的发展。① 然而其论证的形式成为用文字记录固定下来的东西，还没有那样古老，可以断定是在古代末期。在现存的文献中，最古的印度逻辑学书，是

---

① 宇井伯寿:《印度哲学研究》第五，第224页。

《恰拉卡本集》。这是恰拉卡医生著述的内科医学的书籍。它的第三编第八章为逻辑学的研究。而其成书年代,可以推定是在一世纪时期。① 接着,出现了《方便心论》。可以推定也是公元一世纪的事。② 再进一步,从一世纪直到二世纪,胜论派和正理派的逻辑学说被整理出来,产生了《胜论经》。以《胜论经》为基础,与佛教中观派论争的结果,产生出《正理经》。③《正理经》的成书年代不明确,其较古部分可以认为是在佛教中观派的创始人龙树(150—250时期)前产生的,而以现存的形态完成,可以推定是在与龙树的论争之后。④ 若根据宇井博士的说法,这可以认为是在四世纪前半期。⑤ 通过这部《正理经》,完成了所谓古因明。⑥ 古因明逻辑学的最大特征,在于五支作法的推理。这主要是根据主词和谓词外延上的包含关系,来论证判断的正确性。这个外延上的包含关系,叫作"遍充"。据说这个遍充的概念,由数论派从很早就认识

---

① 宇井伯寿:《印度哲学研究》第五,第248—249页。
② 宇井伯寿:《印度哲学研究》第五,第248—249页。
③ 宫坂宥胜:《尼耶也·巴秀也的逻辑学》,第433、470页。
④ 宫坂宥胜:《尼耶也·巴秀也的逻辑学》,第416、419页。
⑤ 宇井伯寿:《印度哲学研究》第五,第176页。
⑥ 宇井伯寿:《印度哲学研究》第五,第384页。

到了。① 然而把这作为推理的形式确定下来，毕竟还是古因明的五支作法。不过，这五支作法，作为讨论的形式，虽然是适当的，而从逻辑上说，包含着不必要的因素。排除其不必要的部分，在逻辑上建立完全的推理形式，是所谓新因明的三支作法。新因明是在龙树以后的佛教那里发达起来的。本来佛教的逻辑学被称为"因明"，与胜论派和正理派的逻辑学（正理）有别，是在佛教内部发达起来的。其最古的是《方便心论》。接着，在瑜伽行派的弥勒的著作《瑜伽师地论》（梵语原本散失，今存汉译）中，有因明的论述。在那里论述的，还不是新因明，而是五支作法。然而，五支作法的最后两个要素，即合与结，实际上被忽视，这可以看作向三支作法的转移过程。② 接着，无著（310—390时期）的各种著作中，有论述因明的。其中特别重要的是《顺中论》（梵语原本散失，今存汉译）。这本书初次出现"因三相"的概念，这成为新因明的基本原理。③ 不过无著自己没有利用这个原理来构成新因明。④ 在佛教的逻辑中，实际应用了这个原理的，是无

---

① 宇井伯寿：《印度哲学研究》第五，第250页。
② 宇井伯寿：《印度哲学研究》第五，第407、419页。
③ 宇井伯寿：《印度哲学研究》第五，第446页。
④ 宇井伯寿：《印度哲学研究》第五，第471页。

著的弟弟世亲（330—400时期）。[①] 可是世亲关于因明的著作，几乎全部散失，只剩下汉译的片断。因此，他对新因明究竟做出了多少贡献，就不很清楚。也有这样一种说法，认为他虽然把因的三相作为原理采用，但还用五支作法作为推理的形式。[②] 如果据宇井博士的说法，世亲是在初期使用五支作法，到后来采取三支作法。[③] 总之，新因明就这样逐步地酝酿成熟起来，而通过陈那（400—480时期），新因明终于被以崭新的形态整理完成。他把"因的三相"作为原理采用，把"三支作法"确立为推理的形式。为了检验推理的正确和错误，他规定了"九句因"。他关于因明的主要著作是《集量论》，这部书现在已经散失。现存的是《因明正理门论》，但是这部书梵语原本也已散失，只有汉译本留存。陈那的弟子天主（商羯罗主）编著了作为这部《正理门论》的入门书的《因明入正理论》（现梵文和汉译本均存）。由于这本书比较容易理解，自古以来学者多据此从事新因明的研究。其后在这个体系方面出了法称（七世纪），他撰写了像《正理一滴》这样的逻辑书，给予印度逻辑以全面广泛的影响。然而以他作

---

① 宇井伯寿：《印度哲学研究》第五，第475页；舍尔巴茨基：《佛教逻辑》I，第31页。

② 舍尔巴茨基：《佛教逻辑》I，第31页。

③ 宇井伯寿：《印度哲学研究》第五，第490页。

为最后的佛教逻辑学者，之后没有看到新的发展。[①]总之，在印度本国是这样的情况。然而，法称的体系在西藏极其兴旺，据说研究者关于法称的著作做了庞大的注释书。[②]并且，在中国，研究者对陈那和天主的著作，也做了大规模的研究。但是，其大部分始终是字句的注释，接近于逻辑本质的研究几乎没有。据中村元博士说，"探求因明精神的逻辑要求，在中国人中是非常不足的"[③]。在众多的注释书中，规模最大的是法相宗的慈恩大师窥基（632—682）的《因明入正理论疏》（简称《大疏》）。然而，连慈恩大师也没有充分地理解因明的逻辑结构。例如，把三支作法误解为是由宗、同喻、异喻三个命题构成的。[④]在中国，法相宗衰亡之后，因明的研究也自行衰落。在日本，通过对慈恩大师的《大疏》以再注的形式，继续着因明的研究，使之传到现代而未断绝。这个研究中最为著名的是善珠（神龟元年—延历十六年，724—797）的《因明论疏明灯抄》。然而随着时代的推移，因明也变为仪式

---

① 松尾义海：《印度的逻辑学》，第19页。
② 舍尔巴茨基：《佛教逻辑》I，第39页及以下。
③ 中村元：《因明入正理论疏解题》，第10页。这些值得研究。参照虞愚教授：《玄奘对因明的贡献》，载《中国社会科学》1981年第1期。——译者
④ 中村元：《因明入正理论疏解题》，第7页。

用的问答形式,逻辑的意义完全丧失。^①佛教逻辑学经历了这样的变迁。但是在印度,在陈那新因明的刺激下,胜论派、正理派或者耆那教等接连不断地继续了逻辑研究。特别是正理派在12世纪后半叶出现了克伽自在,由于整理了《正理经》的内容,展开了详细的议论,使其旧态为之一新。此后被称为新正理派,成为印度逻辑学的中心,并继续到近代。^②

印度逻辑学的历史大致如此,而成为其顶点的,可以认为是陈那、天主和法称的新因明。因此,对由古因明到新因明的变迁,本文打算只从形式逻辑方面简单加以论述。

(一)数论派的"遍充"的思想

中国的逻辑学是概念的逻辑学,似乎是只根据概念外延的同异下判断。为此,即使两个矛盾的概念,如果外延相同,也被看作同一的概念这样的困难就产生了。这就招致了破坏合理思维的结果。为了摆脱这个难点,不能只从概念外延的同异来比较,而应把概念分为判断的主词和谓词,并且必须考虑其主词和谓词间外延上的包含关系,即应该从概念的逻辑进到判断的逻辑。印度的逻辑学是以推

---

① 中村元:《因明入正理论疏解题》,第20—21页。
② 松尾义海:《印度的逻辑学》,第22—23页。

理论为中心,而作为推理基础的判断,是当然要被考虑的。而且由于其判断论考察了主词和谓词的外延上的包含关系,所以能远远超过中国的逻辑学的界限。数论派提倡的"遍充"思想,不外是表示主词和谓词的包含关系。然后就构成根据这种包含关系来进行的推理。① 如果借用现代逻辑学的用语来说明,就是,推理的大前提的主词 M 包含于谓词 P 中时,由于 M 应该周延才具有中概念的能力,才能够把在其中包含着的概念 S 同概念 P 联结起来,"S 是 P"的结论才能成立。② 因此,所谓"遍充"可以认为是与"中概念至少应该周延一次"这个三段论法的规则大致相当。虽然仅仅这样推理还不能够成立,但它作为正确推理的一个基本规律被确定下来了。

(二)《恰拉卡本集》的五支作法

古因明的特征在于五支作法的推理,而其确立,就现存的文献上说,是通过这部《恰拉卡本集》。依据宇井博士的原文和翻译来考察这个部分,五支作法是如下形式的

---

① 宇井伯寿:《印度哲学研究》第五,第 250 页;松尾义海:《印度的逻辑学》,第 81 页。

② 这里说的是三段论的第一格 AAA 式,即:$\frac{MAP}{SAM}$ 。——译者
$\frac{}{SAP}$

推理[1]：

宗：神我常住。（灵魂是永恒存在的）

因：非所作性故。（因为它不是制造出来的）

喻：犹如虚空。（好比虚空）

合：非所作性，犹如虚空，神我亦然。（不是制造出来的，如虚空、灵魂也是这样）

结：故常住。（所以灵魂是永恒存在的）

试用现代式样的符号对它加以改写。如果先把"神我"记为 S，"常住"记为 P，"非所作性"记为 M，"虚空"记为 N，两个概念的包含关系 X⊂Y 用 Y(X) 表示，就成为：

宗：P(S)

因：M(S)

喻：M(N)⊃P(N)

合：〔M(N)⊃P(N)〕⊃〔M(S)⊃P(S)〕

结：P(S)

这里，宗和结是相同的命题，是推理的结论。由于五支作法是用来与论敌进行讨论的形式，所以结论在一开始就提出来，经过论证，把最初提出的命题的正确性，在最后确定下来。所以，宗和结是同一命题的重复，这作为论证也是很自然的。在现代，要想证明一个数学命题，也是首先

---

[1] 宇井伯寿：《印度哲学研究》第二，第 432 页。

列出命题，其次进行证明，在证明终了记下最初提出的命题的正确性，与这是同样的步骤。这样，作为论证的形式，把同一命题用宗和结重复记述，是正当的。然而，如果从纯粹形式逻辑的观点看，这是徒劳的重复。所以无论把宗和结哪一个除外，都应该是可以的。在这里就有从五支作法向三支作法转移的必然性。

其次的问题是喻。喻从来被看作是大前提，然而与亚里士多德的三段论法的大前提不同。在三段论法中，大前提或是全称命题，或是特称命题。五支作法的喻是单称命题。因此，与三段论法由一般命题推导出特殊命题不同，五支作法的推理是由特殊的单称命题推导出特殊的单称命题。所以，五支作法的推理，既不是演绎法，也不是归纳法，而是类比推理。① 而且只把喻作为类比推理的前提，是不充分的。应该把因和合作为前提添加上去。以前，合被认为只是因的重复。而且，因被认为同三段论法的小前提相当。因此，合是不必要的重复。如果把它除掉，五支作法就可以认为是与三段论法相同的东西。然而在《恰拉卡本集》里，合不只是因的重复，是联结喻和因的命题。因此，没有合，类比是不能成立的，这不是因的徒劳重复。于是，五支作法的推理，如果纯粹从逻辑上看，首先

---

① 宇井伯寿：《印度哲学研究》第二，第444页。

立合，其次立喻，在这中间运用命题逻辑学的分离规则，就有了如下的推理。即：

合：$[M(N) \supset P(N)] \supset [M(S) \supset P(S)]$
喻：$M(N) \supset P(N)$
∴　　　　　$M(S) \supset P(S)$ ……………（a）

在这个结论的命题和因之间，再运用分离规则，即

（a）：$M(S)P(S)$
因：$M(S)$
∴　　　　　$P(S)$ ……（b）

这个结论（b）正是宗的命题。这样五支作法作为类比推理，是完全正确的推理。这是由合、喻、因三个命题导出宗（或结）的推理。因此，五支作法在本质上是应该成为四支作法，而与三支作法是不同的。新因明抛弃五支作法，采用三支作法，不只是省略了合和结，而是由类比推理向演绎推理的变化。为什么会产生这个变化呢？因为喻的命题的意义已经改变了。即喻由单称命题变成了全称命题。这样一来，"喻"成了大前提，"合"成为不必要的东西，三段论法就等于成立了。

（三）《正理经》的逻辑

《正理经》是陈那的新因明以前的印度逻辑学（即古因明）的集大成。因此，它包含了当时印度逻辑学的各种

知识，其一部分井然有序，一部分纷然杂陈。然而在这里，打算只从形式逻辑方面，考察其若干最重要的概念。

（a）其推理是五支作法。由于这个问题前面已经谈到，这里只打算作简单说明。所谓五支的"支"，就是构成推理前提和结论的命题。宫坂氏译为推论支。[①] 其推论支有五个，就是"宗""因""喻""合""结"5个（《正理经》，1.1.32）。对于这五支，前面已做了说明，这里想再补充一两点。

（a.1）所谓"宗"是主张，是构成推理结论的命题。即被定义为"宗是表示所立的主张"（《正理经》，1.1.33）。据筏差耶那（Vātsyāyana）的注解，这是用应能使人有所认识的谓词（法）来把主词（有法）加以限定的命题的语句。[②] 或者也可以认为，宗的目的，是说出作为论证对象的谓词和主词的关系。[③] 这样，宗就是由主词和谓词构成的命题。用主词和谓词的包含关系，来论证命题的正确性，这就是推理（"比量"）。中国逻辑学不能认识正确推理形式的根本原因，就是由于没有理解命题主词和谓词的包含关系，而只想从两个概念外延的同异来进行推理。与

---

① 宫坂宥胜：《尼耶也·巴秀也的逻辑学》，第43页。
② 宫坂宥胜：《尼耶也·巴秀也的逻辑学》，第45页。
③ 宫坂宥胜：《尼耶也·巴秀也的逻辑学》，第51页。

此相反，印度逻辑学，对命题的主词和谓词明确地加以区别。在此基础上，建立正确的推理，是理所当然的。

（a.2）关于"喻"，《正理经》提出两种。一种是肯定性的喻；另一种是否定性的喻（《正理经》，1.1.36—37）。在因明中，肯定性的喻，称为同喻；否定性的喻，称为异喻。异喻是同喻的对偶（换质换位）。就两个命题说，异喻应该建立在同喻的对偶（换质换位）的关系上。例如，假设同喻是：

$$M(N) \supset P(N) \qquad （甲）$$

那么异喻应该成为：

$$\sim P(N) \supset \sim M(N) \qquad （乙）$$

然而《正理经》把异喻定义为，"或者，由于是它的反面，所以是相反的"（《正理经》，1.1.37）。试把与此相反的筏差耶那的注解用现代逻辑形式加以改写，那么异喻就应该是由

$$(X)[\sim P(X) \supset \sim M(X)] \qquad （丙）$$
$$\sim M(N) \supset \sim P(N) \qquad （丁）$$

这两个命题构成的。[①] 把其中的（丙）命题看成是（乙）命题的全称化，大体是妥当的。然而（丁）命题与（乙）

[①] 参见宫坂宥胜：《尼耶也·巴秀也的逻辑学》，第47页；G. Jha, *Ga-utama's Nyāyasūtras with Vātsyāyana—Bhāsya*，第67页。

命题不同，不成为同喻（甲）的对偶。因此，筏差耶那对异喻的注在逻辑上是错误的。[1]可是如果据宫坂氏，在筏差耶那的逻辑那里，同喻与其说是成为像（甲）的形式那样的命题，莫如说是应成为：

$$M(N) \equiv P(N) \qquad （戊）$$

这样等值的形式。如果是这样，那么与此相反，异喻就成为：

$$\sim M(N) \equiv \sim P(N) \qquad （己）$$

这个命题（己）是换质，不是换质换位（对偶），然而是与换质换位相等的东西。因此，筏差耶那的注可以说是妥当的。[2]究竟同喻应该用（甲）的形式解释呢，还是应该用（戊）的形式解释呢？这要等待专门学者的判定。但是，假如把正理派的形而上学的假定置之度外，试从纯粹逻辑的角度分析，由于同喻是像（甲）那样表达，异喻是像（丙）和（丁）那样表达，至少不能不说《经》及其注关于换质换位（对偶）是弄错了。

（a.3）其次，在异喻的注那里，用的是全称命题，这是由五支作法的类比法，向三支作法的演绎法接近了一步。像已经详细说过的那样，喻如果变成全称命题，比量

---

[1] 参见宇井伯寿：《印度哲学研究》第二，第329页。
[2] 宫坂宥胜：《尼耶也·巴秀也的逻辑学》，第541页。

（推理）就应该是由全体到部分，或者由一般到特殊，于是就成了演绎法。因此，不只异喻，如果同喻也一样是全称命题，那么比量的形式即使是五支作法，实质上与三支作法并没有显然的不同。在这种情况下，喻成了同三段论法的大前提类似的东西，整个五支作法成为如下的形式（为了简便，只就同喻来说）：

宗：P(S)

因：M(S)

喻：(X)M(X)⊃P(X)；〔M(N)⊃P(N)〕

合：M(S)

结：P(S)

在这个五支作法中，喻的第二个命题（喻依）〔M(N)⊃P(N)〕几乎成了不必要的东西。并且合不过是因的重复，而结又不过是宗的重复。因此，如果除去这些徒劳的部分，比量就成了如下的三支作法。

喻（大前提）：(X)〔M(X)⊃P(X)〕

因（小前提）：M(S)　　　　　　　　　　　（庚）

宗（结　论）：　　　∴P(S)

这是一种假言三段论法。再者，中村元博士用〔M(S)⊃P(S)〕的形式来表达合，然而即使只作为M(S)，这个推理也是正确的。①

（b）其次在《正理经》中，明确认识到矛盾律。即被定义为，"所谓矛盾（相违），就是在承认一定论后，成了与此不同的东西"（《正理经》，1.2.6）。以这样矛盾的命题作根据来进行推理，是错误的，要把这作为"似因"加以排除（《正理经》，1.2.4）。于是，正理派的逻辑是明确地奠定在合理的基础上的。在中国逻辑中，虽然也自觉到了矛盾律，但是它缺少有效运用的余地。与此相比，就可以清楚地知道印度逻辑是怎样合理的了。

（四）新因明的逻辑

由陈那确立的新因明的最大特征在于三支作法。这种三支作法是按照因的三相，并根据九句因来判别正确和错误。现在，试据《因明入正理论》，对这些做简单说明。

（a）"因三相"是三支作法作为比量（推理）成立所必要的三个原则。这就是"遍是宗法性""同品定有性""异品遍无性"三种。

（a.1）所谓"遍是宗法性"，如果照梵文字面说，就是说的"宗法"，即"宗的谓词"。所谓"宗"，就是所断

---

① 参见中村元：《印度思想史》，第151页。

定的命题，这里可以理解为命题的主词。①因此，所谓"宗的谓词"，就是说的"被断定命题主词的谓词"。这里表达了一个规则，即"作为三支作法第二支的因 M，成了作为第一支的宗的主词 S 的谓词，并应包含 S"。因此，这应该成为"S 是 M"（S⊂M，或者用上述的符号法表示为 M（S））形式的命题。②"遍是"这个汉译的联结语，可以说表达了包含的意义。③M 包含 S，相当于亚里士多德直言三段论第一格"小前提应该是肯定的"这个规则。

（a.2）"同品定有性"，表明三支作法的宗的谓词（法）P 应该包含因 M。"同品"表示因 M 与宗的法（谓词）P 是同类的东西。同类的 M 和 P 所具有的东西，就是"定有性"的意思。因此，所谓"同品定有性"，应该成为"M 是 P"这种形式的命题。这是三支作法的喻支，特别是肯定的喻支，即同喻的条件。于是，这也可以认为跟直言三段论法的大前提相当，与第一格的"大前提应是全称的"这个规则大体一致。这样看来，同喻应该成为（X）〔M（X）⊃P（X）〕这种全称肯定命题。

（a.3）所谓"异品遍无性"的"异品"，是与宗的法

---

① 松尾义海：《印度的逻辑学》，第 103 页。
② 松尾义海：《印度的逻辑学》，第 103 页。
③ 宇井伯寿：《印度哲学研究》第二，第 448 页。

（谓词）相反的东西。从而，"异品遍无性"，就是与宗的谓词 P 相反的东西（即非 P）中不存在因 M 的意思。因此，这应该成为（X）〔~P（X）⊃~M（X）〕这种形式的命题。而这个命题，不外是把前面"同品定有性"换质换位而得来的。[①] 这应该成为喻支上的异喻。这样，因三相是关于因支、同喻和异喻的原则，这也可以看作关于直言三段论第一格的小前提和大前提（及大前提的换质换位）的原则。

（b）因此，以因三相为条件的三支作法，可以认为同直言三段论第一格第一式大致相同，不过也不能说是完全同一。之所以如此：第一，是因为在三支作法中，与作为大前提的同喻相并列，附加上作为其换质换位（对偶）的异喻，而三段论法中没有跟异喻相当的东西。第二，三支作法的喻支，除了与三段论法的大前提相同的全称命题（X）〔M（X）⊃P（X）〕以外，作为其实例（喻依）还附加了〔M（N）⊃P（N）〕的单称命题，而在三段论法中，没有与这相当的东西。第三，虽然三支作法是演绎法，可是，由于是用于与论敌论争的形式（因明称之为"他比量"），所以同五支作法的情况一样，是把作为结论的宗放在开头，把作为小前提的因放在其次，把作为大前提的喻

---

① 松尾义海：《印度的逻辑学》，第 104 页。

排列在最后，这与三段论法的顺序正相反。虽然有这样的不同，可是如果从纯粹逻辑的观点来看，三支作法可以认为与第一格第一式在本质上相同。就是说，如果试把宗因喻的顺序倒过来，把喻支中的实例（喻依）和异喻舍去，三支作法就成了上文说过的（庚）式的形式。由于这是假言三段论法的形式，看起来好像与直言三段论法的第一格第一式不同。然而，喻支（大前提）的 $(X)[M(X) \supset P(X)]$ 与 $M \subset P$ 相等，并且因支（小前提）$M(S)$ 与 $S \subset M$ 相等，宗（结论）$P(S)$ 与 $S \subset P$ 相等。如果像这样全部还原为外延的包含关系，三支作法就成为如下的形式：

喻（大前提）：$M \subset P$

因（小前提）：$S \subset M$

宗（结　论）：$\therefore S \subset P$

而这不是别的，正是三段论法的第一格第一式。

（c）再说一下"九句因"。"九句因"在《入正理论》中，只有很简单的叙述，而在《正理门论》中，论述得很详细。由此可以看到，所谓"九句因"，是一种分析方法。它表示因 M 和宗的法（谓词）P 之间的包含关系，即喻支（大前提）中有九种情况，对其每一种的是非加以研究，然后用来判别三支作法推理的正确性。为什么说喻支（大前提）会有九种呢？

首先，把 P 的外延称为 P 的同品，P 的外延以外的部分，即非 P 的外延，称为 P 的异品。假设 P 的同品用 P 本身表示，P 的异品用 $\overline{P}$ 表示。于是，就 M 与 P 的包含关系而言，就可以说 M 或者被 P 的同品 P 所包含，或者被 P 的异品 $\overline{P}$ 所包含。M 对于 P 的同品，有下列三种情况，即 M = P 的情况（称之为有），M⊂P 的情况（称之为有非有），以及 $\overline{M \cdot P}$ 的情况（称之为非有）。同样地，M 对于 P 的异品 $\overline{P}$ 的关系，也有三种情况，即有（M= $\overline{P}$），有非有（M⊂ $\overline{P}$），非有（$\overline{M \cdot \overline{P}}$）。因此，综合同品的三种情况和异品的三种情况，就对 M 与 P 之间的包含关系有了充分认识。把这些不同的情况重复排列，按 $3^2 = 9$ 计算，就有九种包含关系。这就是"九句因"的由来。

然而，在这九种包含关系中，正确的仅有两种。即"同品有异品非有"〔(M = P) ∨ ($\overline{M \cdot \overline{P}}$)〕与"同品有非有异品非有"〔(M = P) ∨ ($\overline{M \cdot \overline{P}}$)〕这两种。这些都是 M⊂P 的形式，唯有这个形式作为大前提（喻支）才是正确的。换言之，只有全称肯定命题，才能成为正确的大前提。因为，作为小前提的因支和作为结论的宗，都已经假定为全称肯定，所以，作为第一格三段论法的大前提，就不能不取全称肯定的形式。原因是，三支作法与五支作法一样，是对论敌论证自己主张的手段；应该成为结论的命题（宗），往往不能不是全称肯定，而且用于支撑它的小前提，当然也不能不是表示肯定性的理由的命题。因此，作为大前提的喻，不得不采取全称肯定的形式。从根本上说，这是为三支作法的动机所限制的。

这就是由陈那创立的新因明推理论的主要内容。虽然这多少有些烦琐，然而是精密的，是接近逻辑本质的东西。可是从结果说，只不过是认识到了一个作为正确推理式的第一格第一式。从这点上说，它终究还不如探究了逻辑的一切可能性的亚里士多德的逻辑学。

三、西方逻辑学

不言而喻，西方的逻辑学，是由古代希腊人以纯粹求知的兴趣开始研究，连绵至今的一个成长过程。它既不像中国那样，为实践的目标所限制；也不像印度那样，被宗教的功效所束缚。由于是从为理论而理论的立脚点来进行研究的，所以呈现了极为深广和多种多样的景象。不过为了方便，一般把它分成三个时代来进行考察。第一是古代，第二是中世纪（包括古代末期），第三是近代到现代。古代逻辑的第一个代表，当然是亚里士多德（前384/383—前322）。但是在他之前，也有逻辑学产生的地盘，而与他并行的另有麦加拉和斯多葛的逻辑学流派。因此，古代逻辑学还可以再划分为三个部分来考虑。第一是亚里士多德以前的发生时期的逻辑思想。第二是亚里士多德的逻辑体系。第三是麦加拉、斯多葛的系统。其次，第二个时期，即从古代末期到中世纪结束的逻辑思想，是专门传授亚里士多德的体系，并多少有些修正补充。这一段尽管时期很长，但内容贫乏。第三个时期，即近代以后，是逻辑学的复兴时代，在遍及逻辑的所有方面都进行了广泛深刻的研究，其结果是建立了与古代有显著不同形态的逻辑学。这就是现今的符号逻辑学。这样，由于西方的逻辑学史蕴含了丰富多彩的内容，不能简单地对它做一个概观。这里只来看一看形式逻辑的基本内容是怎样展开的。

（一）希腊的逻辑学

希腊的逻辑学分为三个部分。

1. 亚里士多德以前

（a）首先，埃利亚派的巴门尼德（约前540—前480）初次表达了形而上学逻辑的基本原理。他说"存在是存在，不存在是不存在"[①]。这是同一律的最初的形式。根据这个主张来区别存在和不存在，确定事物的分别。在这个分别上面，理应做出主词和谓词的区别，成立判断。可是，他却按照这个主张，导出极端的一元论，得出在唯一的存在之外什么东西也没有的结论。由此也就消灭了在现

---

① 第欧斯：《前苏格拉底残篇》，I. 232，21 及以下。

实的世界上可以看到的一切多样性和差别性，变成了什么也没有，而这是由于对主词和谓词同等使用"存在"概念而产生的怪论。

（b）由这个怪论式的一元论，产生了芝诺（约前490—前430）的否定运动的理论。[①] 如前所述，中国的名家也制定了同样的否定运动的怪论。不过，在名家那里，其主张的根据是不明确的。与此相反，在芝诺那里，由于是从"存在"概念必然地演绎出这个否定论，其逻辑的认识应该说是更深一层。[②]

（c）这样，随着同一律的认识，矛盾的概念也从很早起就被认识到了。这通过所谓智者们的种种怪论，变成更加明显的自觉理论。例如普罗泰戈拉（前482—前411）从相对主义的立场出发，认为任何一种思想，在某种意义上，都应该是真的。但是，如果承认任何一种思想都是真的，那么"任何一种思想都不是真的"这种思想，也应该是真的了。他的论敌说，这是明显的矛盾，而由于包含这个矛盾，所以普罗泰戈拉的主张是错误的。[③]

（d）在智者的主张中看出矛盾，想要对其加以克服的

---

① 第欧斯：《前苏格拉底残篇》，I. 253，24 及以下。
② 参见 W. 尼尔和 M. 尼尔：《逻辑学的发展》，第 128、134 页。
③ 第欧斯：《前苏格拉底残篇》，I. 258，37 及以下。

是苏格拉底（前469—前399）。据说他提出了"归纳的推理方式"和"普遍定义"[①]，作为得到不包含矛盾的，而且是非相对的，即绝对的知识的方法。所谓归纳的推理方式，就是由特殊导出普遍的推理，对作为其结果而得到的普遍概念做出正确的规定，就是定义。这个"定义"的方法，与儒家说的"正名"是类似的东西。荀子为了进行"正名"，首先把概念按"共名"（类）和"别名"（种）的次第，排成一定的系统。但是苏格拉底没有想到把概念的系统化作为定义的前提条件。因此就这点说，荀子就比苏格拉底更前进一步。

（e）致力于完成苏格拉底的定义思想的，是柏拉图（前427—前347）。柏拉图终生与逻辑问题结缘。他用"理念"体系的形式，把概念系统化。所谓理念被译成为"形相"，本来是由"观察"这个动词派生出来的词，意味着被观察的对象。在柏拉图那里，由于观察是通过理智的直觉的观察，作为其对象的理念，不是感觉的形式，而是理智的形相。它是实在的观念。因此，在本体论上，它是一种实体；而在逻辑上，不外是普遍概念。[②] 作为普遍概念的理念，能构成什么样的体系呢？这就是通过"划

[①] 亚里士多德：《形而上学》，M. 1078 b 27 及以下。
[②] W. 尼尔和M. 尼尔：《逻辑学的发展》，第19页。

分"，即二分法，所排列起来的概念的层次顺序。它的结构是，把最普遍的概念，划分为互相对立的两个下位概念。把这下位概念的一个，再划分为两个互相对立的第二次的下位概念，如此等等，一直进行到最低位概念。[1] 这是与荀子的"大共名""共名""别名"结构，大致相同的东西，同亚里士多德的类种的体系，也在本质上相同。柏拉图通过这个划分的体系，认为可以对每个概念做出严密定义。[2] 通过这样的概念二分法的体系，给苏格拉底着手的定义理论，提供了基础。从而，又应当是作为形式逻辑第一阶段的概念论的完成。可是，柏拉图的努力，没有收到满意的成果。再者，柏拉图以如下的形式，明确地认识到矛盾律。他说："同一事物，不能同时在同一方面，或同一关系下，进行互相矛盾的动作，或者接受互相矛盾的动作。"[3] 如此说来，柏拉图在很大程度上把苏格拉底的逻辑思想向前推进了。而对之加以继承，并系统建立了形式逻辑科学的，当然是亚里士多德。

2. 亚里士多德的逻辑学

亚里士多德独立完成了古典逻辑学的所有部门，其

---

[1] W. 尼尔和 M. 尼尔：《逻辑学的发展》，第 10—11 页。
[2] 波亨斯基：《形式逻辑》，第 42—43 页。
[3] 参见柏拉图：《理想国》，商务印书馆 1957 年版，第 4 章，第 90 页。——译者

成就不管是在量上，或者是在质上，都压倒了别人。若仅就其轮廓大概看一看的话，那就是他首先完成了苏格拉底和柏拉图所发展的概念论，在概念论的基础上构成了判断论，进而又构成推理论。

（1）概念论

（a）亚里士多德反对柏拉图的理念论。然而，他在反对柏拉图把理念看成实体的形而上学时，并没有忽视它在逻辑上的意义。① 亚里士多德认为，对所有概念，能够从最高类（属）到个体，按属种的层次顺序，排列起来，而这不外乎是根据柏拉图的理念的二分法，用属和种的语词，对其加以整理的结果。② 不过，属种的层次，不能只是从上位概念，逐渐二分下去。上位概念（类）下面，有许多下位概念（种）能够隶属于它。因此，必须找到能把同一个属的许多种相互区别开来的基本标志，而这就称为"种差"。所以，要确定一个概念，就靠两个东西。一是作为其上位概念的属，二是能把这个概念从同一个属的其他种中区别出来的种差。属 × 种差＝种概念，这就是概念的定义。③ 通过这种定义，苏格拉底寻求的确实可靠知

---

① 亚里士多德：《形而上学》，A. 991 b 1-4；参见 W. 尼尔和 M. 尼尔：《逻辑学的发展》，第 29 页。

② 亚里士多德：《范畴篇》，1 b 16 及以下。

③ 亚里士多德：《论辩篇》，103b15。

识，算是初步完成了。再者，制定这种定义，是同概念的内涵有关的，而不是与概念的外延有关的，所以，可以说是内涵的定义。

（b）按属种层次排列的各种概念，具有如下的相互关系。

（b.1）下位概念成为其正上方的上位概念的"谓词"。上位概念成为其正下方的下位概念的主词。①

（b.2）对谓词的陈述（即谓词的谓词），也是对其谓词的主词的陈述。②这是谓词的传递性，也是三段论法的基础。例如，在"人是动物"的场合，由于"雅典人是人"，所以"动物"这个谓词，也可以给"雅典人"这个主词加上，这样"雅典人是动物"的关系就成立了。这当然是三段论法。

（b.3）处于层次最下位的东西，即个体，不能成为任何东西的谓词。③即个体成为主词，不能成为谓词。

（b.4）某物不能成为某物的谓词。④即同位概念不能互为其他概念的谓词或主词。

（b.5）最上位的概念，成为谓词，不能成为主词，一

---

① 亚里士多德：《范畴篇》，1 b 20 及以下。
② 亚里士多德：《范畴篇》，1 b 10。
③ 亚里士多德：《范畴篇》，1 b 6。
④ 亚里士多德：《形而上学》，998 b 22 及以下。

般把这称作"范畴"。可是这与"谓词",本来是同一个东西。不过,当说"范畴"时,是指最普遍的谓词。这样的"范畴",亚里士多德说有十种。[①]然而,他自己又认为,也不一定限于十种,这个问题就不打算详细谈了。

(c)这样,他的概念论,是通过属种理论构成的。而在这个理论中,有若干难点。

(c.1)属种关系,是概念内涵上的关系,与此相应,外延的关系要同时考察。而这两者经常混同,这对逻辑的认识,是有妨碍的事。这个障碍,在近代由古典形式逻辑向符号逻辑过渡的情况下,特别显著地表现出来。符号逻辑是全部从外延的观点来考察时,才得以成立的。

(c.2)属种关系若从外延方面看,是属的外延包括种的外延的包含关系。就是一个集合,与其子集合之间的大小关系,或者是全体和部分的关系。所谓谓词的传递性,就是包含某个部分的全体,也包含其部分的部分。而这也成为三段论法的原理。

(c.3)然而这个属种关系,也具有与罗素的类型论相似的性质。类型论,是用来避免由于同一个概念成为自己本身的谓词而产生矛盾的理论。这就是,使概念排列与个

---

① 亚里士多德:《论辩篇》,A9, 103 b 22 及以下;《范畴篇》,1 b 25-2 a 10。

体，个体的集合，个体的集合的集合等序列相对应。与个体对应的概念成为主词，而不成为谓词。与个体的集合对应的概念成为个体的谓词。与个体的集合的集合对应的概念成为个体的谓词的谓词。这样，主词和谓词的类型，也就可以确定下来。并且，由于不会产生把一个概念自身作为谓词的命题（"自身谓词命题"），于是矛盾也就能够避免。[①] 因此，由于在类型论上的谓词和主词的关系，是与集合同其元素间的关系对应的，而在属种理论上的属和种的关系，是与集合同其子集合间的关系对应的。所以，二者不是同等的东西。如果用符号表示，在类型论上的谓词 P 和主词 S 的关系是 S⊂P 的形式，而属 M 和种 N 的关系是 N⊂M 的形式。这样，二者是不同的东西。但在亚里士多德的概念论中，这被混同了。在本来只是属种的关系中，混入了类型的因素。在这个意义上，可以说成为类型论的先驱[②]，不过也可以说是一种谬误。

（2）判断论

亚里士多德的判断论是在概念论的基础上构成的。这就是：

（a）所谓判断或命题，是把主词和谓词结合起来的陈

---

① 参见罗素、怀特海：《数学原理》I，第37页及以下。
② 波亨斯基：《古代形式逻辑》，第34—35页。

述。① 但是主词和谓词的结合,不一定都能成为判断。例如像命令句或祈使句就不是判断。因此,就需要判断的第二个条件,这就是,或者是真的,或者是假的。② 所以,所谓判断,就是由主词和谓词相结合而构成的,并且又有真假之可言的表达。这样一来,亚里士多德在历史上第一次对判断做了严密的定义,而通过这个定义,作为逻辑学核心的判断论,就建立起来了。

（b）考虑判断的种类。

（b.1）从质上分类,有"肯定"和"否定"两种判断。③ 所谓"肯定",是"关于某一事物正面地断言了某些东西"。所谓"否定",是"关于某一事物做了一种反面的断言"。④

（b.2）如果从量上分类,判断或者是"全称",或者是"特称",或者是"不定"。⑤ 所谓"全称"是"一切"这种形式的判断。所谓"特称"是"有的"这种形式的判断。所谓"不定",是既不能确定为全称,也不能确定

---

① 亚里士多德:《解释篇》,17 a 9。
② 亚里士多德:《解释篇》,17 a 1-6。
③ 亚里士多德:《解释篇》,17 a 9-10。
④ 亚里士多德:《解释篇》,17 a 25-26。参见亚里士多德:《范畴篇 解释篇》,生活·读书·新知三联书店1957年版,第59页。——译者
⑤ 亚里士多德:《前分析篇》,24 a 17 及以下。

为特称的情况，例如所谓"快乐不是善"[①]。后世的逻辑学把"单称"作为量的一种。[②] 不过，亚里士多德没有把单称特别作为判断的量来考虑。总之，像这样把判断从质和量的方面来划分的做法，对后世的逻辑学给予了很大的影响。然而，他的分类法也有不严密之处。例如"苏格拉底是人"的判断和"人是动物"的判断，在亚里士多德的分类中，前者被认为是全称，后者被看作是不定。可是前者是单称的，是人（苏格拉底）的形式，后者实际上是全称的，是（X）〔人（X）⊃ 动物（X）〕的形式。这样，亚里士多德的分类，虽有某些不明确之处，但这无疑是非常重要的问题。

（c）作为用于判断正确性的根本原理，亚里士多德提出了矛盾律和排中律。可是排中律只不过是被看作辅助性的法则。[③]

（c.1）矛盾律被表现为两种形式。如果用现代流行的语言来说，一种是用对象语言来表现，另一种是用元语言来表现。第一种形式是说："同样属性，在同一情况下，不能同时属于又不属于同一主体。"[④] 第二种形式是说："矛

[①] 亚里士多德：《前分析篇》，24 a 18, 19, 20 及以下
[②] 参见彼得·西斯班：《逻辑点滴》，1.09。
[③] 波亨斯基：《古代形式逻辑》，第40页。
[④] 亚里士多德：《形而上学》，1005 b 19 及以下；参见《前分析篇》，46, 51 b 36 及以下。

盾的对立的陈述，不能同时都是真的。"[①] 柏拉图也明确地把握了矛盾律。并且中国的韩非子、印度的《正理经》等，都分别表述了矛盾律。因此虽然亚里士多德不是学说的首创者，然而他把这作为合理思维的根本原理，却是一件重大的事情。

（c.2）排中律不是被看成与矛盾律并列的东西，而是被看作矛盾律的辅助。它被表现为："矛盾的两个东西中间，不能有中间的东西"[②]，或者"矛盾着的两个东西，其一方不能不是真的，另一方不能不是假的"[③]。为了严密地遵守排中律，应该采取判断或真或假二值中的一个，所谓真假不定是不能允许的。所以，严密的排中律，应该只对于二值逻辑体系才成立。然而据有的学者说，亚里士多德未必固执于二值逻辑体系，而明确奠定二值逻辑体系的是斯多葛派的克里希波[④]。

（3）推理论

所谓推理，就是从一个或若干个判断导出其他的判断，根据亚里士多德的逻辑，又有两种推理。一个是直接

[①] 亚里士多德：《形而上学》，1011 b 15；参见《形而上学》，1005 b 23 及以下。

[②] 亚里士多德：《形而上学》，1011 b 23 及以下。

[③] 亚里士多德：《形而上学》，1012 b 10 及以下。

[④] 参见卢卡西维茨：《证明逻辑的历史》。

推理，另一个是间接推理。

（a）直接推理，就是把一个判断变形而做出新判断。而其变形有三种：(a.1) 量的变化（由全称到特称）。(a.2) 质的变化（由肯定到否定，由否定到肯定）。(a.3) 位置的变化（由主词到谓词，由谓词到主词）。后世的学者分别称之为"限量""换质""换位"。把这几种组合起来，产生了例如"换质换位"这样正确的推理。印度逻辑学，也认识到了这种换质换位的推理。此外，亚里士多德又发现了许多直接推理的形式，并且是把它作为变形的组合来构成的。[①]

（b）间接推理是"三段论法"。表示"三段论法"的希腊语，是从表示"运算"意义的词派生出来的，据说把它用作推理意义的例子，已经散见于柏拉图的著作[②]。亚里士多德使用这个词，不只是指推理，而是作为表示三段论法推理的用语。三段论法是由成为前提的两个判断，导出作为结论的一个判断的推理。

（b.1）对其一般规则列举如下：

（b.1.1）三段论法由两个前提和一个结论构成，既不

[①] 亚里士多德：《前分析篇》，25 a 5-13；参见波亨斯基：《古代形式逻辑》，第 51 页

[②] 《克拉底鲁》，412a，《泰阿泰德》，186d。罗斯：《论前分析篇》，第 291 页。

能包含三个以上的判断，也不能包含三个以下的判断。①

（b.1.2）三段论法由三个概念构成，无论比这多，比这少，都不行。② 就是说，结论的主词叫"小概念"，结论的谓词叫"大概念"，在两个前提中包含，而在结论中不包含的概念，叫"中概念"，三段论法是只由这三个概念构成的。

（b.1.3）在任何一个三段论法中，至少要有一个肯定的前提才能做结论。③

（b.1.4）至少应该有一个前提是全称的。④

（b.1.5）至少应该有一个前提与结论是同一个样式（肯定、否定、必然性、可能性等）。⑤

（c）关于三段论法的种类。

（c.1）亚里士多德首先依据中概念的位置分类。这称为三段论的"格"。而且中概念的位置，是通过中概念的外延的大小来规定的。⑥ 假如大概念用 P，中概念用 M，小概念用 S 表示，则：

---

① 亚里士多德：《前分析篇》，42 a 33。
② 亚里士多德：《前分析篇》，41 b 36。
③ 亚里士多德：《前分析篇》，41 b 7 及以下。
④ 亚里士多德：《前分析篇》，41 b 7 及以下。
⑤ 亚里士多德：《前分析篇》，41 b 27 及以下。
⑥ 罗斯：《论前分析篇》，第 302 页。

（c.1.1）第一格三段论就是"S 被 M 包含，M 被 P 包含"①。因此第一格的特征就成为 S⊂M⊂P。②

（c.1.2）第二格是具有这样条件的三段论法："甲，M 属于 P（或 S）的全部，然而 M 不属于 S（或 P）的任何部分。乙，或者 M 属于 P 和 S 的全部。丙，或者 M 不属于 P 和 S 的任何部分。在这三种情况下，经常是：第一，M 处在两个前提的谓词的位置。第二，结论是否定的。"③第二格的特征是：S⊂P⊂M④。

（c.1.3）第三格具有这样的条件："甲，S（或 P）属于 M 的全部，而 P（或 S）不属于 M 的任何部分。乙，或者 S 和 P 都属于 M 的全部。丙，或者 S 和 P 都不属于 M 的任何部分。在这三种情况下，经常是：第一，M 处在两个前提主词的位置。第二，结论是特称的。"⑤因而第三格的特征是 M⊂S⊂P。⑥ 依据 M 的位置，三段论法带有这样的特征：

---

① 亚里士多德：《前分析篇》26 b 33。
② 罗斯：《论前分析篇》，302 页；参见 Knede，第 72 页。
③ 亚里士多德：《前分析篇》，26 b 34-27 a 3，28 a 7 及以下。
④ 罗斯：《论前分析篇》，第 302 页；参见 W. 尼尔和 M. 尼尔：《逻辑学的发展》，第 72 页。
⑤ 亚里士多德：《前分析篇》，28 a 10-17，29 a 1-16 及以下。
⑥ 罗斯：《论前分析篇》，第 302 页；参见 W. 尼尔和 M. 尼尔：《逻辑学的发展》，第 72 页。

第一格	第二格	第三格
MP	PM	MP
SM	SM	MS
SP	SP	SP

此外考虑第四格的三段论法，其大前提是 PM，小前提是 MS，结论是 SP 的形式。然而如果从外延上看，由于与 S⊂M⊂P 形式的第一格在本质上相同，所以亚里士多德不承认第四格。不过，属于第四格的若干个式，他是承认的。这些在他的后继者提奥弗拉斯特（约前372—前288）那里，是作为属于第一格的东西，而二世纪的格伦（131—201），把它们作为第四格独立起来。据说这时分类的原理不在于中概念的外延，而在于其位置。[①] 可是第四格独立起来被考虑，据推断也大概是从格伦以后的六世纪时期。[②] 总之，亚里士多德对第四格没有明确承认。

（c.2）在依据构成三段论法的三个判断的量（全称，特称）来分类时，称之为三段论法的"式"。考虑每个格里许多的式，其中只有比较少数是正确的。例如第一格里，大前提、小前提和结论均为全称肯定的式，被称为"第一格第一式"，或第一格 AAA 式，中世纪以后用

---

① 罗斯：《亚里士多德》，第39页。
② 卢卡西维茨：《亚里士多德的三段论》，第40页及以下。

Barbara 式的名称来背诵。[①] 现在如果用 A 或 a 表示全称肯定，在其中插入主词和谓词，Barbara 式就表现为：

MaP	或者 (X)〔M(X)⊃P(X)〕	或者 M⊂P
SaM	(X)〔S(X)⊃M(X)〕	S⊂M
Sap	(X)〔S(X)⊃P(X)〕	S⊂P

这是亚里士多德的三段论法的最有代表性的推论形式，这是由三个概念 S、M、P 的外延上的包含关系来决定的推理。因此他的三段论法可以说是以概念的外延关系为基础的。亚里士多德看到在第一格中有四个正确的式。而且证明，属于第二格和第三格的许多正确的式，全部能还原为这四个第一格的式。于是他的推理论，就成为有极其严密的组织的东西。此外，他还留下包含模态（必然性、可能性等）的三段论法，包含假言判断的三段论法等丰富的研究成果。不过一般说来，他的逻辑是根据概念的外延关系构成的。与此相反，麦加拉、斯多葛展开了与概念的逻辑有所不同的另一种逻辑。

3. 麦加拉、斯多葛的逻辑学

麦加拉派和斯多葛派进行了与亚里士多德不同的逻辑研究。但是其文献差不多都散失了，现在只留下若干片

---

① 亚里士多德：《前分析篇》，25 b 37 及以下。

断。其特征就是：

（a）不是概念的逻辑学，而是判断（或命题）的逻辑。

（b）不是对象语言的逻辑，而是元语言的逻辑。

（c）不是存在的逻辑，而是意义的逻辑。①

（d）然而其最显著的特征，是推理论与亚里士多德的三段论法完全不同。所谓"推理"，是由"前提"和"结论"构成的体系②。若设判断（命题）为 p 和 q，判断（命题）的正确性用⊢表示，则上面那样定义的推理的基本规律，可以用这样的形式来表现③：

⊢ 如果 p，那么 q

⊢ p

―――――――

∴　⊢ q

由于这是假言三段论法，所以与普通的三段论法（直言三段论法）不同。在亚里士多德那里，三段论法是通过大概念、中概念、小概念这三个概念的外延关系来决定的推

---

① 卢卡西维茨：《亚里士多德的三段论》，第 48 页；波亨斯基：《古代形式逻辑》，第 80 页；B. Mates：《斯多葛逻辑》，第 2 页及以下。

② 第欧根尼·拉尔修：VII 45；B. Mates：《斯多葛逻辑》，第 58 页；波亨斯基：《古代形式逻辑》，第 93 页。

③ B. Mates：《斯多葛逻辑》，第 67 页；波亨斯基：《古代形式逻辑》，第 95 页。

理，而在麦加拉、斯多葛那里，推理则是通过判断（命题）其本身正确性，或者真假值的关系来决定的。因此，虽然同是推理，但二者的差别是很大的。这个麦加拉、斯多葛的推理式，现代被称为"分离规则"或"肯定式"等，一般认为是元语言的基本规则。就这点说，麦加拉、斯多葛的逻辑，比亚里士多德对现代影响更大。

（二）亚里士多德以后的逻辑学

关于由古代末期到中世纪的逻辑学，几乎停留在对亚里士多德体系的祖述上。如前所述，虽然有像把三段论法的第四格独立出来这样多少新的尝试，但这不过是对亚里士多德体系的部分修补。除此以外的新的研究就看不到了。例如对三段论法来说，为了背诵亚里士多德发现的格式，造出了所谓"格式记忆歌"，这完全是为背诵而做出的安排。按照这种做法，第一格第一式就叫Barbara式，并且一直沿袭到现代。这个"记忆歌"，如果根据普兰特的说法，很早以前就有人尝试这样做了。[①] 然而对此给予决定的形式的，是彼得·西斯班（1210［1220］—

---

① 参见《西方逻辑史》，第76、178、242页。

1277）。据说把第一格第一式称为 Barbara 的，也是他。① 可是像这样的事情，对于逻辑本身来说，完全是一些细枝末节的小事。

（三）近代以后

近代逻辑的研究，是与数学相结合发展起来的。这个发展的根本特征有二：第一是应该用与数学同样的表意符号来表达逻辑的各种概念，特别应该用与数学的变数一样的变项来表达逻辑上不确定的概念。第二就是全部在外延的关系上来把握。概念的外延关系从老早就被人所知。亚里士多德在概念的外延关系上构成了三段论法。然而如果没有对判断完成从外延上的处理，也不能指望推理的充分展开。近代逻辑学，主要就是以从外延上处理判断（命题）的问题为中心而发展起来的。而且这是由弗雷格完成的，其结果是把逻辑学改造为符号逻辑。这种新的逻辑学，一言以蔽之，就是"用表意符号所表达的外延关系的运算的体系"。其发展过程大致如下：

（a）莱布尼茨（1646—1716）创立了最初的符号逻辑体系。不过，由于他未能充分辨别外延和内涵的不同，

---

① 波亨斯基：《形式逻辑》，第 77 页；参见 W. 尼尔和 M. 尼尔：《逻辑学的发展》，第 234 页。

而在中途受到了挫折。例如，他对逻辑和的交换律已经看到，但是由于对此从内涵方面加以解释，就陷入了交换律不能成立的矛盾。现在假定，"父"用 A 表示，"母"用 B 表示，逻辑和用 + 表示，逻辑和 A + B 如果从外延方面解释，就成了"父或者母"。因此如果交换律成立，也能说"母或者父"。就是说，作为 B+A，在外延上也不产生变化。可是，莱布尼茨对此从内涵方面解释，因而 A+B 就不是"父或者母"，而成了"父的母"，或者，如果用后世关系逻辑的概念说，"父的母"，就成了"父方的祖母"。与此相反，B+A 就是"母的父"，成了"母方的祖父"。由此，A + B 和 B+A 就表示不同的概念，交换律就不成立。①

（b）汉米尔顿（1788 — 1856）做了把亚里士多德判断论的量的概念贯彻到底的尝试。根据他的解释，亚里士多德的量化只是主词的量化，而没有达到谓词的量化。例如，"所有的人是白的"这种判断（命题），如果照亚里士多德派的说法，是全称肯定。可是根据汉米尔顿，这个判断是"所有的人是某种白的东西"的意思，因此"所有

---

① 格尔哈特编：《莱布尼茨哲学基本著作集·普遍科学·论特性》，VIII，第 228 页及以下；刘易斯：《符号逻辑概论》，第 16 页及以下；高根森：《形式逻辑概论》I，第 80 页及以下；末木刚博：《符号逻辑学》，第 26 页及以下。

的"这种全称标记，只理解为是对主词的。所以，他认为，谓词的量化也要明确地表示出来。① 这个所谓量化，就是要明确全称和特称的适用范围，而且是间接地从事外延化的尝试。之所以如此，是因为量是根据概念的外延来规定的东西。

（c）随后，德·摩尔根（1806—1871）试图把亚里士多德的体系符号化。例如，"所有的 X 是 Y" 这种全称肯定表示为 X⊂Y。而且对其图解如下：

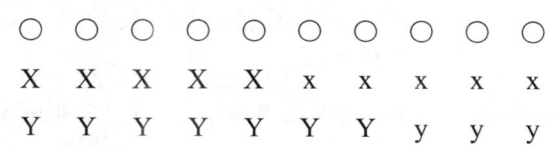

〇 〇 〇 〇 〇 〇 〇 〇 〇 〇
X X X X X x x x x x
Y Y Y Y Y Y Y y y y

即在具有 X 性质的对象（用〇符号表示）例如有 5 个，可是包含这 5 个，并且具有 Y 性质的对象共有 7 个这样的情况下，就是"所有的 X 是 Y"。② 这个解释比汉米尔顿的尝试更明确地实行了外延化。即通过概念所指示对象的数量来明确概念的包含关系，据此就会弄清判断（命题）的结构。

（d）继承这些先驱者们的成就，最初建立符号逻辑的是布尔（1815—1864）。不过，如果从严格的编年史上

---

① 汉米尔顿：《逻辑教程》I，第 280 页及以下。
② 德·摩尔根：《形式逻辑》，第 60 页及以下。

说，布尔的著作比德·摩尔根的著作早出版，但从思想上说，布尔是对德·摩尔根的继承。布尔把亚里士多德的体系作为一种代数的体系表现出来。例如全称肯定"所有的 x 是 y"能用 x(1—y)=0 的代数公式表达。这个公式的意思就是，"x 外延的集合和 y 外延的集合的补集合的交是空集合"。这样一来，全称肯定判断，就被完全规定为两个概念的外延关系。通过这个外延化，逻辑的体系成为代数的体系，能够与代数一样地来运算。例如矛盾律被表达为 x(1—x)=0，若对其进行代数运算，就得到 $x=x_2$ 的公式。这是在亚里士多德的体系中没有看到的新公式，这就是幂等律的法则。因此，布尔的体系，不仅是亚里士多德体系的代数化，应该说由此开拓了一个极其丰富的新的领域。[①] 然而，布尔的体系，是以概念外延为根据的，是一种概念的逻辑学。

（e）与此相反，弗雷格（1848—1925）创始的符号逻辑是判断（命题）的逻辑。这同布尔继承的亚里士多德的流派相反，是属于麦加拉—斯多葛的逻辑流派。在这种逻辑学里，判断（命题）不是作为两个概念的外延上的包含关系来规定的，判断具有的真值（真假）被看作判断的外延。[②] 因此，判断间的关系，可以作为真值的组合来表

---

① 参见布尔：《思维规律的研究》《逻辑的数学分析》。
② 弗雷格：《指示与意义》，第32页。

达。如果用 1 表示"真",用 0 表示"假",真值的组合,不外是 1 和 0 这两个数的组合的运算。所以,判断的相互关系,或者推理,能够完全按照这样的运算来表达,这样,逻辑学就完全作为运算的体系而为之一新。①

参考文献

由于在本文的每个地方已经比较详细地指出了文献,这里只一般列举如下。

一、中国逻辑学

天野镇雄:《公孙龙子》,明德出版社,1967 年。
大滨浩:《中国古代的逻辑》,东大出版会,1959 年。
范寿康:《中国哲学史纲要》,台湾开明书店,1964 年。
胡适:《先秦名学史》(*The Development of the Logical Method in Ancient China*),巴拉恭图书复印公司,纽约,1963 年。

二、印度逻辑学

宇井伯寿:《印度哲学研究》,第二,第五,岩波书店,1965 年。

---

① 弗雷格:《算术基础》。

舍尔巴茨基：《佛教逻辑》，木通出版公司，海牙，1958年。

松尾义海：《印度的逻辑学》，弘文堂，1941年。

宫坂宥胜：《尼耶也·巴秀也的逻辑学——印度古代逻辑学》，山喜房佛书林，1956年。

三、西方逻辑学

波亨斯基：《古代形式逻辑》，北荷兰出版公司，阿姆斯特丹，1951年。

波亨斯基：《形式逻辑》，弗莱堡·慕尼黑卡尔·阿尔贝出版社，1956年。

J.道波：《形式逻辑教程》，I、II、III，哲学高级学院版，洛芳，1950年。

J.约根逊：《形式逻辑研究》，I、II、III，纽约，1982年。

W.尼尔和M.尼尔：《逻辑学的发展》，克拉里顿出版社，牛津，1962年。

B.麦茨：《斯多葛逻辑》，加里福尼亚大学出版社，柏克莱和洛杉矶，1961年。

P.H.尼底茨：《数理逻辑的发展》，伦敦，1962年。

H.肖尔兹：《简明逻辑史》，K. F. Leidecker译自德文，哲学丛书公司，纽约，1961年。商务印书馆1977年版中译本，张家龙译。

附录二 因明的谬误论

〔日〕末木刚博著 孙中原译

一、序

本文以《因明正理门论》和《因明入正理论》为中心，考察因明（佛教逻辑学）的谬误论问题。

因明的文献相当多。这些文献，显然都非常注意谬误论的研究。像现存的汉译本《如实论》，其大部分是谬误论。可是，由于这个汉译本据说只不过大约是全书的六分之一，所以，也许可以暂且不提。然而，现存汉译的完本《方便心论》等，也有相当大的部分研究谬误问题。这个特征，不论是从陈那的《因明正理门论》（现仅存汉译本）中，还是天主的《因明入正理论》中，都可以看到。至于佛教以外的印度逻辑学，也可以说是如此。例如，《正理经》是正理派的基本经典，其中也包含详细的谬误论。这与西方逻辑文献相比较，有非常明显的不同。如亚里士多德虽有《辩谬篇》这一专门研究谬误论的著作，但是，若从他的全部逻辑著作看，这不过是很少的一部分。就现代逻辑学的经典著作而言，完全不包含谬误论的也不少。如不管是就布尔的著作说，还是就弗雷格的著作说，相当于谬误论的就完全没有。

如此看来，佛教逻辑学以及整个印度逻辑学，都特别重视谬误论。简言之，因明的任务，是在于排除谬误判断（妄分别）。因此，谬误论就理所当然地成为其主要课题。以下分析以谬误论为中心的因明，特别是《因明正理门论》和《因明入正理论》的结构。

二、现量与比量

在佛教中，把自利利他作为道德规范来要求。所以，在因明的逻辑中，包含两个部门，即用于自悟的逻辑和用于悟他的逻辑。

用于自悟的逻辑，是自己排除自己的妄分别（谬误判断）的手段。而用于悟他的逻辑，是反驳他人的妄分别的手段。二者在运用上多少有些不同，但作为基础的，是自悟的逻辑。因为自己不省悟，也不能破斥他人的谬误。所以，以下主要讨论自悟的逻辑，并根据需要论及悟他的逻辑。

在自悟逻辑方面,《入正理论》首先列举了作为认识起源的两种量,即现量和比量。所谓现量,即"除分别"。分别即判断。"除分别"即离开判断的意识。于是现量就是离开判断的直接知识,即知觉或经验。所谓比量,就是借助分别(判断)而建立的间接知识,即推理。这样,在《入正理论》中,就建立了直接知识和推理这两种量。这就是所谓"二量说"。

为什么只承认这两种量呢?据《正理门论》的说法,这是由于对象有自相、共相两方面。自相是个别性,通过直接知识(现量)而认识。共相是一般性,通过推理(比量)而认识。由于对象中只有个别性(自相)和一般性(共相)两种,所以知识也只能有两种。这是二量说的根据。

三、分别的真假(宗与似宗)

因明的目的在于排除谬误判断(妄分别)。因此,必须弄清谬误判断(妄分别)是什么。

在因明中,把谬误称为"似"。认为不论现量或比量都会出现谬误。前者出现谬误叫作"似现量"。后者出现谬误叫作"似比量"。然而,正如许多逻辑学家所指出的，谬误本来是在判断中出现的。所谓谬误，就是谬误判断，假的判断。所以，在作为直接知识的现量自身中，不应该存在谬误。在离开了判断（分别）关系的比量（推理）中，也不应该存在正确与错误的问题。这一点，就是在《入正理论》中，也有明显的自觉。其中把"似现量"定义为"关涉其他意义的分别智"。意思是，把一种直接感觉表象误会为其他的感觉表象的判断。因此，所谓"似现量"，并不是错误的现量，而是有关现量的错误判断。

同样，"似比量"，也是在作为比量（推理）要素的判断（分别）及其关系中，存在着谬误的根据。在《入正理论》中，把"似比量"定义为"以似因为根据的理智"。据《大疏》的说法，这里所谓"似因"，可以理解为，不仅包含狭义的似因（错误的小前提），也包含似喻（错误的大前提）。照这种理解，则所谓"似比量"（谬误推理），就是以各种谬误判断作为前提和根据进行的推理。

这样，无论似现量，还是似比量，都是以判断（分别）的谬误为根据的。因为，认识的正误或真假，本来就是关于判断（分别）的问题。这一点，在因明，特别是在《入正理论》中，也有所认识。不过，在因明中一般不独立讨论判断（分别），而只是把判断作为推理的要素来处理，这是由因明的目的所决定的。因为因明的目的是通过比量，排除谬误判断（妄分别）。可见在判断论上，因明与详细讨论判断本质的亚里士多德的理论是有所不同的。

尽管如此，由于正误或真假，本来就是有关判断（分别）的。所以，在因明中，不挑出判断的问题来加以研究，是不行的。由这个观点来看，明确揭示判断（分别）本质的，是论述"宗"和"似宗"的部分。

所谓宗，就是作为推理结论的断定。然而，无论是在《正理门论》中，还是在《入正理论》中，与其说是在这种狭义上来讨论宗，不如说是更广泛地讨论判断的一般形式。因此，宗或判断（分别）具有如下特征：

（1）宗是言表。

（2）宗由主项（有法）和谓项（法）构成。

（3）宗有许（极成）和不许（不极成）的不同。

在这三个特征中，第一和第二个特征是亚里士多德的判断论也列举了的。但是，就第三个特征来说，亚里士多德列举的是"判断有真假的区别"。而因明，特别是《入正理论》列举的第三个特征是，"判断是由人们所认可（许），或不认可（不许）的"。这里"真假"与"许不许"有相似之处。但又有显著不同。因为，亚里士多德说的"判断的真假"，是客观的东西。而因明说的"许不许"，是主观的东西。所谓"真假"，不管人承认与否，都是真或是假。而"许不许"，是人认为真，就是"许"。人不认为真，就是"不许"。因此，这是主观的真假。

这样，因明并不关心判断的客观的真假，而专门注意其主观的真假。之所以如此，是因为因明只承认作为知识源泉的现量（直接知识）和比量（推理），并认为构成比量要素的诸判断，也必须根据现量。如果用了与现量相反的判断，那就作为"现量相违"，即与直接知识相矛盾的判断而被排除。所以，知识的第一种源泉就是现量。不过，现量是直接知识，只不过提供了个人的主观的知识，如所谓"冷暖自知"。因此，所谓判断，在根本上就是主观承认与否，即只限于主观的真假（许不许）。由此看来，因明的认识论，是经验论，是主观的唯心论。

于是，从主观上认为真的经验判断出发，通过推理，排除谬误判断，得出一般真理的结论。如果把这看作为因明的任务，那就没有必要管判断客观上的真假，只考虑其主观的真假（许不许）就可以了。因此，因明不具备积极认识一般真理的充分作用。只不过具有排除谬误判断的功能。

四、比量（推理）的结构

作为知识的第二种源泉的比量（推理），古因明和陈那以后的因明，在结构上有些不同。即前者采用五支作法，后者使用三支作法。不过，现在不打算考察其不同点，而只讨论三支作法。

三支是构成比量的三个要素，即宗、因、喻三个判断。这三个判断，一般认为相当于亚里士多德的直言三段论法。大致说来，宗是结论，因是小前提，喻是大前提。所以，因明的比量，可以解释为直言三段论法的一种，不过与亚里士多德的推理方式的顺序相反。然而，如果从纯逻辑方面说，这种顺序的不同，并不是很重要的问题。

因明的比量与亚里士多德的三段论法的不同，毋宁说在于前者的喻与后者的大前提不同。这就是说，在亚里士多德的推理中大前提，如在最有代表性的第一格第一式中，是采取全称肯定命题的形式。与此相反，因明的喻，不一定是采取这种形式。有的场合，只不过是举出特殊的实例。因此，因明的比量，并不是严密的直言三段论法，不如索性解释为一种类比法（analogy）。特别是关于《方便心论》等古因明，可以说这种解释是很恰当的。不过，在陈那以后的三支作法中，由于喻与特殊的实例一起，在原则上是同时写成全称肯定命题，这就不是类比法，而应该解释为直言三段论法的一种。因此，三支作法的比量，与亚里士多德的直言三段论法相比，尽管在外形上多少有些不同，但是，从本质上说，可以认为是一样的。

以下列举的是三支作法的有代表性的实例：

宗　声是无常的。

因　因为（声）是所作性。

喻　一切所作性（制造出来的）都是无常的。例如瓶。

以下是对其符号逻辑的解释。设"声"用 S，"无常"用 P，"所作性"用 M，"瓶"用 S' 表示，就成为：

$$\left.\begin{array}{ll} 宗 & \overline{S \subset P} \cdots\cdots\cdots\cdots\cdots (a) \\ 因 & S \subset M \cdots\cdots\cdots\cdots\cdots (b) \\ 喻 & M \subset P \cdots\cdots\cdots\cdots\cdots (c) \\ & (S' \subset M) \supset (S' \subset P) \cdots (c') \end{array}\right\} (1)$$

在这个论式中，改变（a）（b）（c）的顺序，把（c'）除外，就成为：

$$\left.\begin{array}{ll} 大前提 & M \subset P \cdots\cdots\cdots\cdots\cdots (c) \\ 小前提 & S \subset M \cdots\cdots\cdots\cdots\cdots (b) \\ 结　论 & \overline{S \subset P} \cdots\cdots\cdots\cdots\cdots (a) \end{array}\right\} (2)$$

这是亚里士多德的直言三段论法，并且是其第一格第一式。即公式（1）和公式（2）在逻辑上是完全等同的。因此，把三支作法解释为直言三段论法是正确的。

在亚里士多德的三段论法中，有许多式。而在因明的三支作法中，被认为有效的（正因），只有两种。这两种一并考虑，就相当于亚里士多德的第一格第一式，用符号逻辑表示，即：

$$\left.\begin{array}{ll}宗 & S \subset P \\ 因 & S \subset M \\ 喻 & M \subset P\end{array}\right\} \quad (3)$$

因此，正如齐思贻教授所指出的，因明的推理论，比亚里士多德的推理论狭窄。至少就正因（有效的推理）来说，不得不这样断定。不过，就因明的目的而论，这一点也许不是那么重要的局限。因为因明的本来任务，是在于排除谬误判断（妄分别），而不在于枚举有效的推论式。

作为判别比量（推理）的正确与错误的标准，陈那提出"因三相"的理论。因三相是关于因（小前提）和喻（大前提）的三条原则。对其要点概述如下：

1. 第一相：遍是宗法性

这是关于因（小前提）的原则。认为因（小前提）的法（谓项，即中概念）M应该包含宗（结论）的主项（有法）。因此，这一原则是表示如下关系：

$$S \subset M \quad (4)$$

按照《正理门论》的说法，公式（4）这种关系必须是立论者和论敌共同承认为真的判断（共许）。对于悟他的推理来说，这共许是必要的条件，而对于自悟的推理来说，不是必要的。

2. 第二相：同品定有性

这是关于喻（大前提）的原则。它的意思是说，"在同品中存在"。所谓"同品"，就是属于宗（结论）的谓项（大概念）P 的东西。如果要问，是什么在 P 中"存在"呢？就是因（小前提）的谓项（把它也叫作因）M 在 P 中存在。因此，这个原则就成为：

$$M \subseteq P \qquad (5)$$

这可以分为两种情况来考虑。即以下两种情况：

$$M \subset P \qquad (5-1)$$
$$M = P \qquad (5-2)$$

其中前者，相当于《正理门论》的"九句因"的第八句。而后者，相当于其第二句。二者都是正因（有效的前提）。因此，二者共同承认，用选言联结起来，构成一般的原则，这就是公式（5）。

在慈恩的《大疏》中，对"同品"这个概念，分为"宗同品"和"因同品"来讨论。前者（宗同品），说的是属于宗（结论）的谓项（大概念）。而后者（因同品），说的是属于因（小前提）的谓项（中概念）M。慈恩解释第二相说的"同品"，指因同品。第二相的意思，是指"在有宗的地方，决定有因"。这种解释，不能认为是正确的。如果他所说的"宗"，是指宗的有法（结论的主项）S，那么他的解释就成为 $S \subset M$，而这已经作为"因的第一相"确定下来,所以,就不成为第二相。而假如他所说的"宗",是指宗法(结论的谓项)P,则他的解释就成为:P⊆M,而这作为喻(大前提)未必是有效的。如果把这个不正确的前提与前面说的公式(5)加以比较,就一目了然了。因此,慈恩的解释是不正确的。

3. 第三相:异品遍无性

这是指"在异品中决不存在"的意思。所谓"异品",是属于宗法(作为结论谓项的大概念)P 的否定概念,即 $\overline{P}$。如果要问,是什么在异品中不存在呢? 就是因的谓项 M 在异品中不存在。因此,第三相是认为,"M 在 $\overline{P}$ 中决不存在"。用符号逻辑表示,就是:

$$(M \cap \overline{P}) = 0 \qquad (6)$$

这也可以看成:

$$\overline{P} \subset \overline{M} \qquad (6\text{-}1)$$

公式(6-1)是作为第二相的一部分的公式(5-1)的换质位。因此,从纯逻辑上说,第三相已为第二相的一部分所吸收。不过,作为排除谬误判断的标准,把它单列出来,倒也不失为一种有效的方法。[①]

这三条原则,可以作为用来建立有效推理的基本条件。按照这三条原则来做出肯定判断的结论时,推论式就

---

① 参见北川秀则:《印度古典逻辑学的研究》,第 50 页。

成为：

$$\left.\begin{array}{ll}第三相 & (M\cap \bar{P})=0 \\ 第二相 & M\subset P \\ 第一相 & S\subset M \\ \hline \therefore & S\subset P\end{array}\right\} \quad (7)$$

在这个推论式中，如果第三相已为第二相所吸收而省略的话，则公式（7）与公式（2）相等。而这不外乎是亚里士多德的第一格第一式。因此，为"因三相"所规定的有效的三支作法就是第一格第一式。如上所述，这相当于《正理门论》的"九句因"的第二句和第八句。有的研究者认为其他的推论式也是有效的三支作法。① 确切地说，如果把公式（7）做种种变形，也可以得到第一格第一式以外的推论式。然而，《正理门论》和《入正理论》所明显认定的有效的推论式，只有公式（7）。与此相反，却非常详细地列举了不正确的推论式（谬误推理）的许多种形式。从因明的主要目的是在于排除谬误这一点考虑，这是可以理解的。

根据因三相可以辨别推论式的正确与否。即"如果 S 包含于 M，并且 M 包含于 P，则 S 包含于 P"这样的关

---

① 参见杉原丈夫：《陈那和亚里士多德》。

系，是根据因三相所规定的基本的关系。这不是根据特殊的经验而决定其成立或不成立。它不论对什么经验都是成立的。因此，它是一般性、共同性、共相。它不是由个别经验所决定的，因而是非经验的。

对因明的知识的两个源泉（量），可以做如下解释：

现量是关于个别经验或体验（自相）的直接知识，是还没有用语言表达的。它是经验判断的内容及其真假的标准。

比量即推理的正确和错误，是根据"因三相"而非经验的决定的，其形式是为一切特殊经验内容所共同的非经验的一般形式（共相）。

在因明中，判断（分别）的"许不许"由经验的内容和非经验的形式决定。因此，排除谬误判断（妄分别），也必须依据这两种标准：

（1）根据现量决定判断（分别）的经验内容的个别的真假。

（2）根据比量的"因三相"决定判断（分别）的非经验的一般逻辑形式的正确和错误。

通过个别经验内容和一般的非经验的逻辑形式来决定判断的正确性，这在西方休谟的认识论中也可以看到。但休谟主要考察的是经验内容，而不是逻辑形式。相反，因明所考察的重点是逻辑形式。二者注重的方向有所不同，但其基本思想是极其相似的。

五、谬误判断（妄分别）

因明的主要目的，是排除谬误判断（妄分别）。它作为达到这一目的的手段，揭示了判别判断真假或正误的标准。这就是上述的两个标准，即：

（1）根据个别的感觉经验，判别经验内容的真假。

（2）根据推理（比量）的规则（因三相），判别判断的逻辑形式的正误。

从因明的二量说看来，提出这两种标准，是很自然的想法。不过对逻辑形式的研究，只限于推理规则，则显得过于狭窄了。实际上，无论在《正理门论》中，还是在《入正理论》中，除了作为推理规则的因三相外，还提出几条逻辑规则，并据此判别判断在逻辑上的正误。然而，由于这些逻辑规则不是推理规则，所以不属于比量，并且由于不是经验的东西，所以也不属于现量。这样，在因明的二量说中，它们成了无归属的流浪者。直截了当地说，无论是《正理门论》，还是《入正理论》，对这点的论述，都是不完备的。

但是，如果把推理规则（因三相）和其他逻辑规则一起理解为广义的比量规则，那么因明的体系，特别是其谬误论，是可以在二量说的前提下加以系统化的。

在整理归纳广义的比量规则以前，先概观一下《正理门论》和《入正理论》所枚举的谬误的种类。《正理门论》列举了二十九过，《入正理论》列举了三十三过，两者间有四种之差。这四种是由《入正理论》补充的。因此，这里将依据《入正理论》，列举三十三过，对其所补充的四过，也说明其意义。

《正理门论》在二十九过之外，还列举了违反因三相的七种谬误推理。这就是"九句因"中的七种。所谓九句因，是根据因三相，特别是其第二相和第三相，列举出来的大前提（喻）的形式。九句因是陈那的发明。除了《正理门论》以外，还在《集量论》和《因轮论》中讨论过。不过《入正理论》把它全部删除了。因为，九句因虽然对于整理喻（大前提）的种类和列举推论式的种类是方便的，但有效的推论式（两种正因）由因三相就可以搞清楚，所以没有必要特别地提出来，并且不正确的推论式（七种）已经为上述三十三过所吸收。因此，从纯逻辑观点看，没有必要特别地建立九句因。这大约是《入正理论》的立场。所以，在本文中除三十三过之外，也不拟另外列举九句因中的七种谬误推理。

在《正理门论》中，除二十九过和九句因中的七种不正因之外，作为"似能破"还列举了十四过类。这是反驳论敌时的错误的反驳方式。它来源于对《如实论》的十六难和《正理经》的二十四相似等的继承，在一定程度上较好地继承了正理和因明的谬误论的传统样式。从中还可以看到很多有趣的诡辩。但是，《入正理论》对"似能破"却没有详细讨论，对《正理门论》的十四过类，也全部删除了。理由是"似能破"是错误的反驳。即"据此，不能驳倒别人的主张"。这是颇能表明因明立场的看法。因为，因明的目的在于排除谬误判断（妄分别），所以对那种不具有排除谬误判断作用的似能破（谬误反驳），就没有必要加以讨论了。《入正理论》删除似能破十四过类，倒是它首尾一贯的表现。所以，尽管在历史上和逻辑上对似能破颇有兴趣，本文还是不准备对它进行考察，而只考察《入正理论》的三十三过。

《入正理论》的三十三过可大致分为以下三种：

（1）似宗九过。

（2）似因十四过。

（3）似喻十过。

这种分类与三种判断相对应。在因明中，只是把判断（分别）作为比量（推理）的要素加以讨论的。而作为比量要素的判断，在陈那以后，只限于三种，即宗（结论）、因（小前提）、喻。与这三种判断相对应，就考察了三种谬误判断，即上述似宗、似因、似喻。

对于判断（分别）和谬误判断（妄分别），只作为比量（推理）的要素处理，没有把每个判断看成独立的，并根据各种判断的相互依存考察各个判断的作用。这是不是根据佛教独特的"依他性"的原理而提出的想法呢？这虽然不能立刻断定，但从结果看，似乎可以说其判断论是以依他性为根据的。

上述大致区分为三种的三十三过，包含着谬误判断和谬误推理。二者难解难分地联结在一起。这是由于判断只是作为推理的要素来考察的，所以判断如果陷于谬误，则推理也成为谬误。反之，如果推理有谬误，则作为结论的判断也成为谬误。因此，谬误推理和谬误判断一起包含在三十三过中。当然，即使从因明的角度看，谬误推理和谬误判断也并不是无差别的同一的东西。因此，有必要把二者明确地区别开来。

六、似宗的结构

如上所述，似宗九过可分为有关相违的五种和有关极成的四种。

所谓"相违"，依慈恩的《大疏》的解释，例如与"善"相对的是"不善"。这里，可以考虑两种情况。

1. 在"善"和"不善"之间，当考虑不是其中任何一个的另一中间值"无记"①的场合,所谓"善"和"不善"的"相违",是反对关系。

2. 在"善"和"不善"之间,当不考虑作为中间值的"无记"的场合,所谓"善"和"不善"的"相违",是矛盾或不两立关系。

对这两种概念的区别,在因明中未必有明确的认识。但是,可以认为,作为似宗的一种情况的"相违",不是指的"反对",而是指的"矛盾"。

关于相违的五种似宗如下。

1. 现量相违的似宗

这是与经验的直接知识相矛盾的判断(结论)。用《正理门论》和《入正理论》的例子来说,就是"声音不是被听到的"("声非所闻")这样的判断。由于这与声音是被听到的这种经验相矛盾,所以无论给它找什么根据和进行怎样的推理,它都是一个错误结论。这时,判断真假的标准,是经验的直接知识。用这个标准和判断相比较,从而判别判断的价值的形式,是"矛盾"(相违)这种逻辑的形式。因此,"现量相违"就具有经验的内容(现量)和逻辑的形式(相违)这两个标准。

---

① "记"为判断、断定。"无记"即不可断为善,也不可断为恶,为非善非恶。——译者

2. 比量相违的似宗

这是与推理结论相矛盾的谬误判断。这种判断，与从预先承认为真的诸前提（因和喻）出发，按照推理规则（因三相）应能必然导出的结论相矛盾。如"瓶是常住的"这个判断，就是比量相违的似宗。因为，从"一切制造出来的都是无常的"（喻、大前提）和"瓶是制造出来的"（因、小前提）这两个前提出发，根据推理规则（因三相），能够必然得出"瓶是无常"的结论。由于上述判断（"瓶是常住的"）与这个结论相矛盾，所以是谬误判断。这时，判定判断价值的标准，是正确的结论，而与正确的结论相比较，决定有无矛盾的逻辑的形式，就成为形式上的标准。并且正确结论的根据，是两个正确的前提（因和喻）以及由这两个正确的前提引出结论的推理规则（因三相）。然而，两个前提（因和喻）正确与否，通过与经验的直接知识（现量）的比较，就可以确定。因此，判定"比量相违的似宗"的标准，就有如下复杂的结构：

（1）通过把需要判定的判断 q_2 和正确的结论 q_1 相比较，决定矛盾的有无——逻辑的形式。

（2）对引出正确结论 q_1 的两个正确前提（因和喻）P_1 和 P_2 的正确性的断定——这同现量相违的场合一样。即：

（2.1）判定 P_1 的经验的直接知识 e_1 ——经验的内容。

（2.2）通过 P_1 和 e_1 的比较，决定矛盾的有无——逻辑的形式。

（2.3）判定 P_2 的经验的直接知识 e_2——经验的内容。

（2.4）通过 P_2 和 e_2 的比较，决定矛盾的有无——逻辑形式。

（3）由 P_1 和 P_2 引出正确结论的推理规则（因三相）——逻辑的形式。

此外，慈恩的《大疏》认为，在这种情况下，成为正确结论的前提的因 P_1 和喻 P_2，必须是立论者和论敌共同承认为真的（共许）。这在反驳论敌的判断的悟他的场合，确是必要的条件。然而，比量相违的似宗，不只是在悟他的场合，在立论者排除自己本身的谬误判断的场合，也能够适用。而在这个场合，《大疏》的条件就不必要了。

3. 自教相违的似宗

这是与立论者所服从的教义相矛盾的论断。《正理门论》和《入正理论》举例说，"如胜论师断定'声是常住的'"。如果从胜论师的教义推理（比量）的话，就应该得出"声是无常的"，而"声是常住的"与此相矛盾。所以，这就是说，在胜论师的教义内部就构成谬误。因此，"自教相违"的标准就有如下三条：

（1）包含该判断的特定的教义体系——经验的直接知

识和逻辑的形式的复合。

（2）由教义体系依据推理规则（因三相）引出结论 P_2——逻辑的形式。

（3）把 P_1 和 P_2 相比较，检查其相互间是否存在矛盾——逻辑的形式。

这三条标准中的第一条标准，即特定的教义体系，在佛教以外的派别如正理派等那里，是作为"声量"而被算作知识的第三种源泉的。然而，在佛教的因明中，不承认二量（现量和比量）之外的第三种量。因此，特定的教义体系，最终也必须解释为可以还原成现量和比量。

4．世间相违的似宗

这是与人们的一般信念相矛盾的判断。如《入正理论》举例说，"有兔的东西不是月亮，因为（有兔的东西）存在"，就是这种判断。因为当时印度的人们一般认为"月亮是怀着兔子的"。这种世间相违的谬误的标准，直接地说既不是现量，也不是比量。因此，在这里，就可以提出第三种标准，但是这样一来就与二量说相违反了。然而，不论《正理门论》，还是《入正理论》，都采用了二量说，所以，作为第三种标准的世间共同的判断，就成了没有根据的。因此，这个标准，是极其软弱的，充其量只不过是辅助性的。

5. 自语相违的似宗

这是包含自相矛盾的判断。例如"我母是石女（不能生育的妇女）"，就是这种判断。这种谬误的标准，是自相矛盾这种纯逻辑的形式。

以上五种有关相违的似宗可按其标准整理如下。其中，G 表示现量，L 表示逻辑的形式，H 表示辅助的标准，q_0 表示应被判定的判断。

1. 现量相违

现量 G → 经验的判断 q_1
q_0
┘ → 根据比较确定矛盾 $L_1 \sim (q_0 \cdot q_1)$ （8）

2. 比量相违

现量 G → 小前提 P_1
现量 G → 大前提 P_2 → 推理规则 $L_2 \to q_1$
q_0 → 比较 $L_1 \sim (q_0 \cdot q_1)$ （9）

3. 自教相违

现量 G
逻辑的形式 L_1 特定的教义体系(辅助的标准 H_1) → 推理
逻辑的形式 L_2 规则 $L_2 \to q_1$
q_0 → 比较 $L_1 \sim (q_0 \cdot q_1)$ （10）

4．世间相违

$$
\left.\begin{array}{l}
(\text{现量 } G) \\
(\text{逻辑的形式 } L_1) \\
(\text{逻辑的形式 } L_2)
\end{array}\right\} \text{世间的判断 } H_2 = q_1 \\
\quad\quad\quad\quad\quad\quad\quad\quad\quad q_0 \quad \begin{array}{l} \text{比较 } L_1 \\ \sim(q_0 \cdot q_1) \end{array} \quad (11)
$$

5．自语相违

$$q_0 \text{ 自相矛盾 } L_1 (q_0 \cdot \sim q_0) \quad\quad (12)$$

于是，就有关相违的似宗来说，判定判断谬误的标准，有现量 G、逻辑的形式 L_1 和 L_2、辅助的标准 H 四种。把其中两种逻辑的形式 L_1 和 L_2 一并作为广义的比量规则 L，则似宗的标准就有 G、L、H 三种。

以下考虑似宗的第二种，即关于极成的似宗。所谓"极成"，就是"认可"的意思。关于极成的似宗，是作为结论的判断是否为立论者和论敌共同认可所决定的谬误。这只是属于悟他的逻辑的。这在《正理门论》中没有，是《入正理论》所补充的。

以下依次列举四种关于极成的似宗。

1．能别不极成的似宗

所谓"能别"，指宗（结论）的谓项 P。"能别不极成"，是一个谓项 P 立论者认可，而论敌不认可这种场合的不一致。因此，对某主项 S，附加谓项 P，即 S⊂P，立论者认可，而无论使用什么推理，论敌还是不能对它认可，这时立论者的反驳是不能成功的。这里，用 M_1 表示"立论者认可"这个（元语言）的谓词，用 M_2 表示"论敌认可"这个（元语言）的谓词，用→表示由一命题到另一命题的过渡，则说服论敌的反驳就成为如下的形式：

$$M_1(S\subset P)\cdot \sim M_2(S\subset P)\to M_1(S\subset P)\cdot M_2(S\subset P) \quad (13)$$

然而，在论敌不承认 P 的情况下，则

$$M_2(S\subset P) \quad (14)$$

就不可能成立。因此，就成为：

$$\sim M_2(P)\supset \sim(S\subset P) \quad (15)$$

正确地说，这是元语言的表达。在这种情况下，反驳就不成立。这就是"能别不极成"的谬误。因此，这种似宗就成为：

$$\sim M_2(P)\supset \sim[M_1(S\subset P)\cdot M_2(S\subset P)] \quad (16)$$

2. 所别不极成的似宗

所谓"所别"，指宗（结论）的主项 S。"所别不极成"是指，由于论敌不承认立论者所认可的主项 S，所以，立论者就不能使论敌承认以 S 为主项的判断，即 $S\subset P$。因此，这种似宗就成为：

$$\sim M_2(S)\supset[\sim M_1(S\subset P)\cdot M_2(S\subset P)] \quad (17)$$

3. 俱不极成的似宗

所谓"俱"，指主项（所别）S 和谓项（能别）P 两方面。因此，所谓"俱不极成"。就是指由于论敌对 S 和 P

都不承认,所以,立论者就不能使论敌承认其判断,即 S⊂P。这就成为:

$$\sim M_2(S) \cdot \sim M_2(P) \supset \sim [M_1(S \subset P) \cdot M_2(S \subset P)] \quad (18)$$

4. 相符极成的似宗

所谓"相符",即"结合"之意,而"相符极成",即"立论者认可,论敌也认可的结合"之意。即一个判断,立论者认可,论敌也认可,就是:

$$M_1(P) \cdot M_2(P) \quad (19)$$

然而,在这种场合,反驳论敌就没有必要,所以,就不需要使用推理。因此,把这作为所要反驳的宗(结论、主张)建立起来,是错误的。

以上有关极成的似宗,不是判断本身的谬误,而是关于立论者和论敌之间讨论有效性的谬误。因此,这是否应该列在谬误判断(妄分别)之中,是有疑问的。这是《入正理论》追加的,在只完全考虑谬误判断的情况下,像《正理门论》那样,不把它列入也是可以的。

总之,从《入正理论》的立场来说,判定有关"极成"的似宗的标准,有以下两种:

(1)立论者和论敌的主张不一致(辅助的标准)H_3。

(2)讨论的有效性(辅助的标准)H_4。

这两种都是辅助的标准。在既不是现量 G,又不是比量(逻辑的形式)L 的场合,有这种谬误的特征。

七、似因的结构

似因合计有十四种（十四过）。如前所述，似因大致区别为三种：

（1）不成似因四种。

（2）不定似因六种。

（3）相违似因四种。

下面依次分析之。

所谓不成似因的"不成"，就是"不能使宗（结论）成立"的意思。因此，"不成似因"就是"不具有使宗（结论）成立的作用的错误的因（小前提）"的意思。这种错误的小前提有四种。其共同的基本的特征，是断定，不能给宗（结论）的有法（主项）S附加因（中概念）M的谓项。即把

$$\sim (S \subset M) \qquad (20)$$

的判断作为小前提的主张，是"不成似因"。由此出发，至少亚里士多德的第一格第一式的推论式，即公式（1）或公式（2）中的结论不能成立，所以叫"不成"。从"因三相"来说，这是第一相即公式（4）的否定。

下面依次分析四种不成似因。

1. 两俱不成的似因

所谓"两俱"，是立论者和论敌双方。（《大疏》）因

此，所谓"两俱不成的似因"，即立敌双方都认为"S 不是 M"。以 M_1 表示"立论者认可"这个（元语言的）谓词，以 M_2 表示"论敌认可"，则"两俱不成"为：

$$M_1〔\sim(S\subset M)〕\cdot M_2〔\sim(S\subset M)〕 \qquad (21)$$

2．随一不成的似因

所谓"随一"，就是"一方认许一方不认许"。（《大疏》）"随一不成"，就是对于"S 是 M"，立论者和论敌一方承认，另一方不承认。因此，若用 ∨ 表示选言，则"随一不成"就成为：

$$\{M_1〔\sim(S\subset M)〕\cdot M_2(S\subset M)\} \vee \{M_1(S\subset M)\cdot M_2〔\sim(S\subset M)〕\} \qquad (22)$$

3．犹豫不成的似因

所谓"犹豫"，即"疑惑"之意（宇井译）。因此，"犹豫不成"，就是对于"S 是 M"的关系，立论者或论敌一方有疑问。用"？"表示"疑惑"，则"犹豫不成的似因"就成为：

$$M_1〔(S\subset M)?〕\vee M_2〔(S\subset M)?〕 \qquad (23)$$

4．所依不成的似因

所谓"所依"，就是"S 是 M"这个小前提（因）的主项（有法）S。"所依不成"，就是由于这个主项 S 不存在，不能给它附加谓项 M，所以"S 是 M"不成立。因此，若用空集合 0 表示"不存在"，则"所依不成"就成为：

$$(S=0) \supset \sim (S \supset M) \qquad (24)$$

由现在集合逻辑的观点看,这未必妥当。因为空集合构成所有集合的子集合。然而,由于在这种场合矛盾的情况也成立,所以下面公式也可以成立:

$$(S=0) \supset (S \subset M) \cdot (S \subset \overline{M}) \qquad (25)$$

因此,由于由此可以导出公式(24),所以"所依不成"是有效的。如果S是0,则小前提不成立的情况是存在的。

所谓不定似因的"不定",即"结论(宗)不能决定"之意。这是由于欠缺"因三相"中的第二相和第三相,大前提(喻)不成立的缘故。即由于

$$\sim (M \subseteq P) \qquad (26)$$

$$\sim (\overline{P} \subseteq \overline{M}),\ (M \cap \overline{P}) \neq 0 \qquad (27)$$

所以宗(结论)不能决定。这是"不定似因"。

六种不定似因如下:

1. 共不定的似因

所谓"共",意思是指宗(结论)的谓项 P 及其否定 $\overline{P}$ 二者。"共不定",就是由于因(小前提)的谓项(中概念)M 属于 P 或 $\overline{P}$,所以,大前提(喻)不能决定,结论(宗)就不能决定。用符号逻辑分析,就成为:

$$(M \subseteq P) \vee (M \subseteq \overline{P}) \qquad (28)$$

在这种场合,因的第三相

$$(M \cap \overline{P}) = 0 \qquad (6)$$

就未必是成立的。这可以说相当于《正理门论》的九句因的第一句。(《大疏》)第一句形式如下：

$$(M = P) \vee (M = \bar{P}) \quad (29)$$

很清楚，这包含公式（28），但反过来说未必妥当。

2. 不共不定的似因

所谓"不共"，意思是"在宗（结论）的谓项 P 及其否定 $\bar{P}$ 中都不存在"。因此，所谓"不共不定"就是"因（小前提）的谓项 M 与 P 和 $\bar{P}$ 都不联结"，即：

$$[(M \cap P) = 0] \cdot [(M \cap \bar{P}) = 0] \quad (30)$$

由于这不能起到大前提的作用，所以是"似因"。上式的联言支

$$(M \cap P) = 0 \quad (31)$$

是"因三相"的第二相的否定。第二相是

$$M \subseteq P \quad (5)$$

的规则。显而易见，由公式（31）可以导出对公式（5）的否定。可以说，不共不定的似因相当于《正理门论》的九句因中的第五句。不过第五句形式如下。

$$[(M \cap P) = 0] \vee [(M \cap \bar{P}) = 0] \quad (32)$$

因此，由公式（30）可以导出公式（32），而其逆推导却不能成立。所以，由不共不定的似因可以导出九句因的第五句，但是反过来却不能够说。

3. 同品一分转异品遍转的不定似因

所谓"同品",是宗同品,指属于宗(结论)的谓项的肯定P。所谓"异品",是宗异品,指属于P的否定$\bar{P}$。"同品一分转"是指因(小前提)的谓项M和宗同品P部分重合。即:

$$(M \cap P) \neq 0 \tag{33}$$

而"异品遍转",是指属于宗异品$\bar{P}$的必然属于因的谓项M。即:

$$(\bar{P} \subset M) \tag{34}$$

因此,把这两方面用选言结合起来,就成为:

$$[(M \cap P) \neq 0] \vee (\bar{P} \subset M) \tag{35}$$

这就是"同品一分转异品遍转"。这是不能决定宗(结论)的似因(作为前提不正确)。因为根据公式(34),这里缺少"因三相"中的第三相。第三相的形式是:

$$\bar{P} \subset \bar{M} \tag{6-1}$$

而异品遍转,即公式(34),是对它的否定。这种似因,相当于《正理门论》的九句因中的第七句。(《大疏》)第七句形式如下:

$$(M \subset P) \vee (M = \bar{P}) \tag{36}$$

公式(35)可由此式导出,但其逆推导却未必成立。

4. 异品一分转同品遍转的不定似因

"异品""同品"同前。在这种似因中,异品一分转,即:

$$(M \cap \bar{P}) \neq 0 \tag{37}$$

同品遍转，即：
$$M \subseteq P \quad (38)$$
二者的选言，即：
$$[(M \cap \bar{P}) \neq 0] \vee (M \subseteq P) \quad (39)$$
由于因的谓项（中概念）横跨 P 和 $\bar{P}$ 两方面，这种因不能决定宗（结论）$S \subseteq P$，所以这是不定似因。一般认为，这种似因否定"因三相"中的第二相，即：
$$M \subseteq P \quad (5)$$
所以成为谬误。[①] 然而由于公式（38）相当于第二相，所以这种看法不能认为是妥当的。毋宁说，从公式（37）看来，由于它否定第三相，才是谬误的原因。这种似因相当于《正理门论》的九句因中的第三句。(《大疏》)第三句形式如下：
$$(M = P) \vee (M \subset \bar{P}) \quad (40)$$
由此式可导出公式（39）。而其逆推导未必妥当。

5. 俱品一分转的不定似因

所谓"俱品"，即宗的同品 P 和异品 $\bar{P}$ 这二者。因此，"俱品一分转"，就是 M 对于 P 和 $\bar{P}$ 都有部分重合，即有如下关系：
$$[(M \cap P) \neq 0] \vee [(M \cap \bar{P}) \neq 0] \quad (41)$$

[①] 林彦明：《因明入正理论》日译本，注43。

此式第二个选言支

$$(M \cap \overline{P}) \neq 0 \quad (42)$$

是对因的第三相的否定。因此,这是不能决定宗(结论)的似因。这种似因相当于《正理门论》的九句因中第九句。(《大疏》)第九句形式如下:

$$(M \subset P) \vee (M \subset \overline{P}) \quad (43)$$

很明显,由此式可导出公式(41)。然而其逆推导却未必妥当。

6. 相违决定的不定似因

所谓"相违"即矛盾,"决定"即确定。"相违决定",即由有效的两组前提出发,可确定两个相互矛盾的结论。即:

$$\left. \begin{array}{ll} 大前提(喻)P_{1.1} & P_{2.1} \\ 小前提(因)\underline{P_{1.2}} & \underline{P_{2.2}} \\ 结论(宗) q_1 & q_2 \\ \sim(q_1 \cdot q_2) \end{array} \right\} \quad (44)$$

这里,假定 $P_{1.1}$ 和 $P_{1.2}$ 这一组前提是有效的,$P_{2.1}$ 和 $P_{2.2}$ 这一组前提也是有效的。这种相违决定把两个矛盾的断定都作为有效的而加以认可。因此,这相当于康德所谓的二律背反。在这种场合,两个互相矛盾的结论 q_1 和 q_2 一起被认可,所以就不能得出确定的结论。这是一种产生矛盾的谬误，是一种似因。

不定似因有如上六种。其作为前提之所以是谬误的，是由于违反逻辑的形式，而不是由于违反现量（经验）。因此，判定这些不定似因谬误的标准，可以说就在于逻辑的形式（广义的比量规则）。但是，应该认为这里包含着两种形式，即：

（1）因三相（狭义的比量规则）L_2。

（2）矛盾（不两立）L_1。

前五种不定似因依据这两种标准而成为谬误的，最后的相违决定的似因只根据第二个标准（即矛盾）而成为谬误的。

似因的第三种，是四种"相违"的似因。这是矛盾的似因。意思是，为证明结论（宗）而建立的小前提反而否定了结论。现以 q_0 代表应被证明的结论，P_1 代表用来证明的小前提，P_2 代表大前提，则其形式如下：

$$\left.\begin{array}{c} q_0 \\ P_1 \cdot P_2 \to q_1 \end{array}\right\} \sim (q_0 \cdot q_1) \qquad (45)$$

相违的似因，有如下四种：

1. 法自相相违似因

所谓"法自相"，意为"作为宗（结论）的谓项的言词表达"，齐思贻教授译为 expressed-predicate。用上述符号表示，即应被证明的结论 q_0 的谓项 P。即：

$$q_0 = (S \subset P) \qquad (46)$$

中的 P。所谓"法自相相违",就是指证明的结果,把 P 的否定加到 S 上去。这时,导出这种矛盾的结论的小前提的谓项 M 就称为"法自相相违因"或"法自相相违似因"。即当

$$\left.\begin{array}{c}(S \subset P) \\ \uparrow \\ (S \subset M) \rightarrow (S \subset \bar{P})\end{array}\right\} \sim [(S \subset P) \cdot (S \subset \bar{P})] \qquad (47)$$

这种形式的关系成立时,M 叫"法自相相违(似)因"。为什么会产生这种矛盾的结果呢?因为证明($S \subset P$)的结论的大前提(喻)存在谬误。因此,如果纠正了其大前提的谬误,则结论就变为与所求证的原结论相矛盾的主张。其一般形式为:

$$\left.\begin{array}{c}P_1 \cdot P_2 \rightarrow q_0 \\ \\ P_1 \cdot P'_2 \rightarrow q_1\end{array}\right\} \sim (q_0 \cdot q_1) \qquad (48)$$

这里,P'_2 是对最初的喻(大前提)P_2 的订正。从《入正理论》所举的两个实例来看,作为错误的大前提(喻),相当于《正理门论》九句因中的第四句和第六句。[①] 但由于

---

① 《大疏》;北川秀则:《印度古典逻辑学》,第 205 页;宇井伯寿:《选集》第一卷,第 219 页。

谬误当然不限于第四句和第六句,所以一般如公式(48)的形式的,M 就成为"法自相相违(似)因"。

2. 法差别相违因的似因

所谓"法差别",据《大疏》,即"为自己的意念所认许的别义"的法(宗的谓项)。齐思贻教授英译为 implied predicate。与上述"法自相"是作为言表的宗的谓项相反,这种"法差别"不是作为言表,而是作为立论者意中所认许的宗的谓项。因此,这里就加进了"言表"(expressed)和"意许"(implied)的新概念。不过,这是有关立论者和论敌间的讨论的概念。并且这不像"极成"和"不极成"那样,只是元语言的概念,而是表示"不是言表,是心中认可"这样的心理状态的概念。然而,如果不过于深入这样的心理状态,也可以把它们作为元语言的谓词处理。于是,所谓"法差别相违",就是在立论者的主张(宗)中,言表和意许不一致,为其主张(宗)提供依据的前提(因和喻),为立论者的言表所肯定,而为其意许所否定,结果这一点为论敌所指出。由于立论者所举的前提(因和喻)被立论者自身的意许的主张所否定,所以成为似因。用 K_1 表示"立论者的言表",用 K_2 表示"论敌的言表",用 O_1 表示"立论者的意许",用 P_1 表示因(小前提),用 P_2 表示喻(大前提),则对这种似因的符号逻辑分析如下:

立论者：
$K_1(S \subset P) \cdot O_1(S \subset P') \cdot \sim(P = P')$
$K_1[(P_1 \cdot P_2) \to (S \subset P)] \cdot O_1[(P_1 \cdot P_2) \to (S \subset P')]$
论敌：
$K_2(P_1 \cdot P_2) \to [(S \subset P'') \cdot \sim(P'' = P')]$
结果：
$O_1[(P_1 \cdot P_2) \to (S \subset P')]$
$(P_1 \cdot P_2) \to (S \subset P')$ ｝矛盾

(49)

据《大疏》看来，这种似因由于第二相和第三相都缺少，所以成为似因。仅就对象语言说，确实是如此。然而这种似因的特征，在于立论者的言表和意许的矛盾，所以只用对象语言内的逻辑来讨论，是不充分的。

3. 有法自相相违的似因

"有法"指宗（结论）的主项 S。所谓"有法自相"，是立论者的言表 S。设立论者把"S 是 P"作为言表，作为其理由列举出前提（因和喻）。与此相反，论敌从其前提 P_1 和 P_2 导出"S' 是 P"的结论，并且 S 和 S' 不相等。于是"S 是 P"被否定。因此，前提 P_1 和 P_2（或其中概念 M）对于立论者的最初的主张（宗）就成了似因。对此加以分析，就成为：

$$P_1 \to \left.\begin{matrix}(S \subset P)\\(S' \subset P)\end{matrix}\right\} \sim [(S \subset P) \cdot (S' \subset P)] \qquad (50)$$

这里由相同的小前提（因）出发，产生了两个矛盾的结论。如果使用立论者所举的大前提（喻）P_2，就应该成为：

$$(P_1 \cdot P_2) \to (S \subset P) \qquad (51)$$

由于 P_2 中有错误，把对它加以订正而成的 P'_2 作为大前提，就成为：

$$(P_1 \cdot P'_2) \to (S' \subset P) \qquad (52)$$

因此，这种似因的整个结构就成为：

$$\left.\begin{matrix}(P_1 \cdot P_2) \to (S \subset P)\\(P_1 \cdot P'_2) \to (S' \subset P)\end{matrix}\right\} \sim [(S \cap P) \cdot (S' \subset P)] \qquad (53)$$

这与上述的"法自相相违因"的结构非常近似。这两者的不同，只是 P′ 和 S′ 的不同。

4. 有法差别相违因的似因

"有法"是如上所说的立论者的主张（宗）的主项 S。"差别"是立论者的言表和意许（不是言表，是心中的认许）的不一致。这种似因的结构，与上述的"法差别相违因"的结构非常相近。二者的不同，只是 P（法）和 S（有法）的不同。即：

立论者：
$K_1(S \subset P) \cdot O_1(S' \subset P) \cdot \sim(S=S')$
$K_1[(P_1 \cdot P_2) \to (S \subset P)] \cdot O_1[(P_1 \cdot P_2) \to (S' \subset P)]$

论敌：
$K_2(P_1 \cdot P_2) \to [(S'' \subset P) \cdot \sim(S'' \cdot S')]$

结果：
$O_1[(P_1 \cdot P_2) \to (S' \subset P)]$
$(P_1 \cdot P_2) \to \sim(S' \subset P)$ } 矛盾

⎫
⎬ (54)
⎭

据《大疏》看来，这种似因由于缺少因的第二相和第三相，所以成为似因。这与"法差别相违因"的场合一样是正确的解释。然而只有这一点是不够的。在立论者的言表和意许的不一致中，还有似因的其他因素。

对以上四种相违似因重新整理分类如下：

1. 通过纠正大前提（喻）的谬误（违反因的第二相、第三相），得出与最初的主张相矛盾的结论（自相相违因）。其中又分两种情况：

（1）得出与宗的谓项相矛盾的结论（法自相相违因）。

（2）得出与宗的主项相矛盾的结论（有法自相相违因）。

2. 论敌通过纠正立论者的大前提（喻）的谬误，否定立论者的意许（不是言表，是在心中认许）的主张（宗）。这又分两种情况：

（1）对宗的谓项来说，否定立论者的意许的主张（法差别相违因）。

（2）对宗的主项来说，否定立论者的意许的主张（有法差别相违因）。

判定这四种似因的标准有以下两种：

1. 逻辑的形式（广义的比量规则）

（1）因的三相（狭义的比量规则）

$L_{2.1}$

$L_{2.2}$

$L_{2.3}$

（2）矛盾 L_1

2. 言表和意许的比较（辅助的标准）H_5

八、似喻的结构

所谓似喻，是喻（大前提）的谬误。在上述似因中，违反因三相的谬误，实际上包含着喻（大前提）的谬误。因此，在这里作为新的似喻列举的谬误，是似因所包含的谬误范围以外的谬误。这就是《正理门论》和《入正理论》所列举的十过。它又可大致区分为两种，即似同法喻五种和似异法喻五种。

关于似同法喻，所谓"同法喻"，是以 P 作谓项，以 M 作主项的大前提，即"M 是 P"这种形式的大前提。"似同法喻"，是立论者把"M 是 P"作为言表，但在其列举实例S′时，对其实例S′说，毋宁说成为"M 不是 P"，于是立论者的言表就不能成为大前提。

似同法喻有以下五种：

1. 能立法不成

所谓"能立法"，是因（小前提）的谓项 M。它在喻体（大前提的命题）中是作主项的。（《大疏》）所谓其能立法 M 是不成的，就是立论者所举的实例（喻依）是否定 M 的。其逻辑的形式是：

$$(P \cap \overline{M}) \neq 0 \qquad (55)$$

由此不能导出因的第二相，即：

$$M \subseteq P \qquad (56)$$

所以，公式（55）不能成为有效的大前提。然而由此也不能导出公式（56）的否定，因此也不直接违反因的第二相。可见"能立法不成"的谬误，是实例（喻依）不恰当，并不是整个大前提（喻体）错误。[①]

[①] 参见齐思贻：《佛家形式逻辑》，伦敦 1969 年版，第 121 页。

2. 所立法不成

所谓"所立法",是宗(结论)的谓项 P,也是喻(大前提)的谓项。(《大疏》)"所立法不成",就是立论者所举实例(喻依),是对这个 P 的否定。即:

$$(M \cap \overline{P}) \neq 0 \tag{57}$$

由这个实例。可以导出对公式(56)的否定,是对因的第二相的直接否定。因此,这就不只是实例(喻依)不恰当,而是大前提的命题(全称命题)的否定,是喻体(大前提的全称命题)的谬误。齐思贻教授只把它解释为喻依的谬误,这不能说是正确的解释。①

3. 俱不成

所谓"俱",是能立法 M 和所立法 P。"俱不成",是立论者所举实例(喻依)把这个 M 和 P 一起否定。其逻辑的形式是:

$$(\overline{M} \cap \overline{P}) \neq 0 \tag{58}$$

由此式不能导出公式(56),所以不能满足因的第二相。不过也不能由此导出公式(56)的否定,因此这个实例也不直接违反因的第二相。可见这种俱不成的错误是实例(喻依)不恰当的错误,不是整个大前提(喻体)的错误。②

---

① 参见齐思贻:《佛家形式逻辑》,第121页及以下。
② 参见齐思贻:《佛家形式逻辑》,第121页及以下。

4. 无合

所谓"合",就是 M 和 P 的结合,即"M 是 P"形式的结合(合作法),亦即公式(56)的形式。"无合"。即 M 和 P 没有用这种形式来结合,是以

$$(M \cap P) \neq 0 \qquad (59)$$

形式的结合。(《大疏》)由此式不能导出公式(56),不满足因的第二相。不过由此也不能导出公式(56)的否定,当然也不直接违反因的第二相。因此,无合的谬误也不是直接的谬误。不过在把它作为喻体(大前提的命题)的情况下,由于没有遵守因的第二相,就成为喻体的谬误。[1]

5. 倒合

所谓"合",仍如上述。"倒合",即 M 和 P 的结合顺序相反。其形式为:

$$P \subseteq M \qquad (60)$$

由此不能导出公式(56),把它作为大前提,就没有遵守因的第二相。因此,倒合的谬误,也是喻体的谬误。[2]

关于似异法喻。所谓"异法喻",即"无宗和因"的喻。(《大疏》)所谓宗,指宗的法 P,因指因的法 M。因此异法喻即无 P 和 M 的喻。具体地说,即"非 P 是非 M"

---

[1] 参见齐思贻:《佛家形式逻辑》,第 122 页。
[2] 参见齐思贻:《佛家形式逻辑》,第 122 页。

这种形式的大前提。所谓"似异法喻",就是立论者说出的实例与"非 P 是非 M"的关系相矛盾。

似异法喻有以下五种。

1. 所立不遣

所谓"所立",是应被证明的宗(结论)的谓项 P。本来,异法喻(异喻)是同喻的换质位。即与同喻

$$M \subseteq P \quad (61)$$

相反,

$$\overline{P} \subseteq \overline{M} \quad (62)$$

是其异喻。所谓"所立不遣",即实例不能成立这种异喻中的 $\overline{P}$。其逻辑的结构为:

$$(\overline{M} \cap P) \neq 0 \quad (63)$$

这实质上与似同法喻中的能立法不成(公式[55])是一样的。不过,在公式(55)的场合,错误在于不能由它导出同喻,即因的第二相。相反,在公式(63)的场合,谬误的理由在于不能由之导出异喻公式(62),因此不能满足因的第三相。

2. 能立不遣

所谓"能立",是因的谓项 M。"能立不遣",即实例不能否定其 M。其逻辑的结构为:

$$(M \cap \overline{P}) \neq 0 \quad (64)$$

由此式不能导出异喻(公式[62]),所以不能满足因的

第三相，于是成为似喻。此式从纯形式上说，与所立法不成的似同法喻是一样的。

3. 俱不遣

所谓"俱"，即 M 和 P。"俱不遣"，即实例不能共同否定 M 和 P 这二者。其逻辑形式为：

$$(M \cap P) \neq 0 \qquad (65)$$

由此式不能导出异喻（公式 [62]），因此不能满足因的第三相，于是成为似喻。不过从纯形式上说，这个公式与无合的似同法喻是一样的。

4. 不离

所谓"离"，即"不相属着义"（《大疏》），就是 M 和 P 共同被否定。"不离"，并不是指 M 和 P 没有被否定，而是指两者的否定没有用"非 P 是非 M"这种异喻的形式联结起来。因此，"不离"就是

$$(\overline{M} \cap \overline{P}) \neq 0 \qquad (66)$$

这种形式的实例。由此式不能导出异喻（公式 [62]）。因此由于这个公式不能满足因的第三相而成为似喻。从纯形式上说，这个公式与俱不成的似同法喻是一样的。

5. 倒离

"离"如上所述。"倒离"，即对 P 和 M 的否定的顺序，与正确的异喻相反。即是以下形式的大前提：

$$\overline{M} \subset \overline{P} \qquad (67)$$

由此不能导出正确的异喻（公式［62］），不能满足因的第三相，这种大前提就成为似喻。这种似喻，从纯形式上说，是倒合的似同法喻的换质位。

以上列举似喻二类十种。它还可以再分为两种情况来考虑，即有关 M 和 P 的否定和肯定的八种，有关 P 和 M 的顺序的两种。这就是：

$$
\begin{array}{ll}
\text{能立法不成}:(P\cap\overline{M})\neq 0 & \text{所立不遣}:(\overline{M}\cap P)\neq 0 \\
\text{所立法不成}:(M\cap\overline{P})\neq 0 & \text{能立不遣}:(M\cap\overline{P})\neq 0 \\
\text{俱\quad 不\quad 成}:(\overline{M}\cap\overline{P})\neq 0 & \text{俱\quad 不\quad 遣}:(M\cap P)\neq 0 \\
\text{无\qquad 合}:(M\cap P)\neq 0 & \text{不\qquad 离}:(\overline{M}\cap\overline{P})\neq 0
\end{array}
$$ ——无关顺序的

$$\text{倒}\qquad \text{合}:P\subset M \qquad \text{倒}\qquad \text{离}:\overline{M}\subset\overline{P}$$ ——有关顺序的

以上完全枚举了似同喻和似异喻的所有场合。不过如果考虑把似同喻和似异喻加以组合，并再配之以立论者和论敌一致和不一致的各种情况，则可能的似喻组合的总数是很庞大的。在慈恩的《大疏》中只讨论了其一部分，并总结说"数乃无量，恐繁且止"。由于把它们列举出来无论在实际上和理论上都没有什么益处，所以只区分为上述十种就够了。

判定这十种似喻的标准是什么呢？它不是有关经验的（现量），而完全是逻辑的形式，因此是广义的比量的规则。对之整理列举如下：

1. 狭义的比量规则 L_2
(1) 因的第二相 $L_{2.2}$
(2) 因的第三相 $L_{2.3}$
2. 矛盾 L_1

九、结论

因明的主要任务在于排除妄分别（谬误判断）。因明的主题在于谬误论。因此它在这一点上与欧美的逻辑学有明显的方向不同。在欧美逻辑学中，谬误论只不过是附带的，而其本来的目的，在于探究一切合理认识的基本法则。欧美逻辑学的任务，不是排除谬误这种消极的工作，而是获得正确认识这种积极的工作。与此相反，因明的任务，不在于获得正确认识这种积极的工作，而在于排除谬误这种消极的工作。如果不首先明确这种根本方向的不同，则因明的主旨在哪里就搞不清，而只会徒然地惊奇于其谬误论之繁多和原理论之贫乏。然而一旦认定因明的主要课题在于排除谬误判断，则这个惊奇也就会消失。

不过为了排除谬误判断，需要弄清排除的原理。这一点在因明中也不是完全忽视的。然而它不是从原理本身来探求的，只不过是把原理作为排除谬误的标准来研究的。因明作为这种排除谬误判断的标准所认识到的原理，笔者在上文已经列举，对此在这里再整理概括如下：

（一）判定宗（结论）真假的标准

1. 逻辑的形式（广义的比量规则）L

（1）矛盾（不两立）L_1

（2）推理规则（狭义的比量规则）L_2——$L_{2\cdot 1}$

$\qquad\qquad\qquad\qquad\qquad\qquad L_{2\cdot 2}$

$\qquad\qquad\qquad\qquad\qquad\qquad L_{2\cdot 3}$

2. 经验的内容（现量）G

3. 辅助的标准 H

（1）特定的教义体系 H_1

（2）世间的判断 H_2

（3）立敌双方的一致与不一致 H_3

（4）讨论的有效性 H_4

（二）判定因（小前提）真假的标准

1. 逻辑的形式（广义的比量规则）L

（1）矛盾（不两立）L_1

（2）因的三相（狭义的比量规则）L_2——$L_{2\cdot 1}$

$\qquad\qquad\qquad\qquad\qquad\qquad L_{2\cdot 2}$

$\qquad\qquad\qquad\qquad\qquad\qquad L_{2\cdot 3}$

2. 辅助的标准 H——言表和意许的比较 H_5

（三）判定喻（大前提）真假的标准——逻辑的形式

（1）矛盾（不两立）L_1

（2）因的三相（狭义的比量规则）L_2 中的 $L_{2.2}$
$L_{2.3}$

在《入正理论》中，作为判定似因和似喻的标准，没有列举现量。不过这与似宗的场合一样，应该列举。即可以认为，无论对于似因或似喻，都应该追加"现量相违"。

以上列举的判定标准，可大致归纳如下：

1. 经验的内容（现量）G
2. 逻辑的形式（广义的比量规则）L
   （1）矛盾 L_1
   （2）因的三相 L_2 —— $L_{2.1}$
   　　　　　　　　　　$L_{2.2}$
   　　　　　　　　　　$L_{2.3}$
3. 辅助的标准 H —— $H_1 \cdots H_5$

由这种归纳看来，其辅助标准之多是惊人的。按照因明固有的二量说，这些应该可以还原为现量或比量规则。但是在其中，如立敌双方的一致不一致（H_3），讨论的有效性（H_4），等等，有既不属现量，也不属比量的要素。因此，就认识源泉说，是二量，就判定谬误的标准说，就不是二量。

根据这些标准，就可以排除谬误判断。因明是用来排除谬误判断的"消极的逻辑"，而不是为真理提供积极证据的"积极的逻辑"。这是因明的自然的局限。而欧美的逻辑是为真理提供积极证据的积极的逻辑。它探求积极的经验认识，转向支配外部世界。随着这种方向的不同，二者的结构也就不同。

（本文原载玉城康四郎编：《佛教的比较思想论的研究》，东京大学出版会1979年版，1980年第二次印刷，译文有删节）

附录三 末木刚博传略
孙中原

末木刚博1921年生于日本山梨县甲府。1945年于东京大学文学部毕业。1955年为东京大学教养学副教授。1968年为教授。现为东京大学名誉教授,东洋大学教授,专攻逻辑学和比较思想,以广义逻辑学(包括传统逻辑、现代逻辑和辩证逻辑)的研究成果与方法,探索东西方哲学思想和逻辑思想。

末木从年轻时起就怀着明确理解事物的强烈冲动而进行了长期探索,得出了如下一些系统的结论。

为了明确认识事物,需要反省我们人类的行为。而为了这种反省,需要通过一些线索或媒介物。这种线索或媒介物,就是各种表达。因此,应该分析这些表达,从中发现其固有的条理。为此,可以确定一些作为原型的条理,将它们同各种表达加以对照、比较,以便发现各种表达的固有条理。

作为原型的条理,是表达认识作用的命题系统的条理。这种命题系统的条理,是如下五个方面的关联:一、命题系统的全体,即无限定的全体 M;二、属于 M 的各个命题 P 的谓词,即统一性 T_o;三、命题 P 的主词,即多样性 T_a;四、联结命题 P 主词和谓词的系词和命题 P 本身,即多样性的统一的结合性 K_e;五、从命题到命题的推理和命题系统全体 M 通过推理逐步显在化,即 M 的部分的限定 G。这五个方面的关联表示为公式 $H_o=(M, T_o, K_e, T_a, G)$。这个 H_o 是一切表达条理的原型。这个原型 H_o 可以解释为:"凭借多样性统一($T_o K_e, T_a$)的无限定的全体(M)的部分的限定(G)。"这个结构可以叫作"浑然一体"。

末木认为,把这种作为原型的浑然一体 H_o 同各种表达相对比,可以发现各种表达的固有条理。用这种方法反省人类的种种行为,就可以得到明确的理解。这种方法叫作"条理的反省"。

根据与原型 H_o 的对比来把握各种表达,首先需区分表达的种类。考察这种表达的分类,也需要通过与原型的对比,末木指出:

第一,全部具备原型 H_o 的浑然一体的五个要素的表达,是命题系统。以命题系统为媒介的活动是认识。认识、命题系统的特征与原型一样,记为(M, T_o, K_e,

T_a，G）。

第二，在原型 H_o 的诸要素中缺乏结合性的表达，是命令句。例如命令句："您，快走！"虽然具有主词（"您"）和谓词（"快走"），但是二者的结合是未完成的，所以缺乏结合性。以这种命令句为媒介进行的活动，是实践（道德、法律）。实践、命令句系统的特征，是原型 H_o 中缺乏结合性 K_e 的形式，记为（M，T_o，☆，T_a，G）。

第三，在原型 H_o 的诸要素中缺乏结合性和多样性的表达，是感叹句。例如感叹句："哎呀，好冷啊！"这是主词（多样性）和系词（结合性）都缺乏的句子。以这种感叹句为媒介进行的活动是感情。感情、感叹句系统的特征，是原型 H_o 中缺乏结合性 K_e 和多样性 T_a 的形式，记为（M，T_o，☆，☆，G）。

以上命题系统、命令句系统和感叹句系统这三种表达，具有各不相同的条理。但是，在具有统一性（谓词）这点上，它们都是共同的。因此，可以把这三种表达一起叫作"分别"（或"分别的表达"）。接着就可以区分出与分别不同的另外两种表达。

第四，在原型 H_o 的五种要素中缺乏统一性、结合性和多样性三者的表达，是艺术的表达。这叫作"间接的象征"。因为这就像绘画一样，以感觉的形象（作品）为媒介来暗示无限的天地。以这种间接的象征为媒介进行的活动是艺术。这种艺术、间接的象征的特征，是在原型 H_0 中缺乏统一性（T_o）、结合性（K_e）和多样性（T_a）的形式，记为（M，☆，☆，☆，G）。

第五，在原型 H_0 的五种要素中，只剩下无限定的全体 M，而其他都缺乏的表达，是宗教的表达。这叫作"直接的象征"。因为这就像念佛一样，可以直接暗示天地全体，而不需要如艺术作品那样，以感觉的形象为媒介。以这种直接的象征为媒介而进行的活动，是宗教。这种宗教的、直接的象征的特征，是在原型 H_0 的诸要素中，只剩下无限定的全体 M，而其他都缺乏，这种形式记为（M，☆，☆，☆，☆）。

末木把依据原型 H_0 而进行的上述表达的分类，归纳如下：

$$
\text{表达}\begin{cases} \text{分别}\begin{cases}\text{一、命题→认识→}(M, T_o, T_e, T_a, G) \\ \text{二、命令句→实践→}(M, T_o, \text{☆}, T_a, G) \\ \text{三、感叹句→感情→}(M, T_o, \text{☆}, \text{☆}, G)\end{cases} \\ \text{象征}\begin{cases}\text{四、间接的象征→艺术→}(M, \text{☆}, \text{☆}, \text{☆}, G) \\ \text{五、直接的象征→宗教→}(M, \text{☆}, \text{☆}, \text{☆}, \text{☆})\end{cases}\end{cases}
$$

所以，条理的反省，就是把这些表达分别地与原型对比，使各表达的细节的条理显现出来。据此，各个事物就能够被明确理解。

譬如认识、命题系统的反省，就是这种条理的反省的一例。认识是以命题（或命题系统）为媒介把世界的条理显在化的活动。末木指出，命题系统与原型一样地浑然一体，具有以下五个特征：

第一，命题是这样一种表达，即具有主词（多样性）和谓词（统一性），并且具备把主、谓词联结起来的系词（结合性），从而实现了多样性的统一。

第二，命题不是单独成立的，而是在一定的命题系统中，与其他诸命题相关联而成立的。如"这朵花是红的"这一命题，是与"这朵花不是黄的""这朵花不是绿的"等命题相伴，才表现出具有认识能力。

第三，命题在一定的命题系统中才具有认识的价值（真、假）。而命令句、感叹句、艺术作品和宗教的象征没有真假值。

第四，认识是以命题或命题系统为媒介而成立的。命题可以依其主词的种类来分类，认识也可以对应于主词的种类来分类。即：

1. 不定人称主词→不定人称命题→不定人称认识＝形式科学（逻辑学、数学等）→演绎法。

2. 第一人称主词→第一人称命题→第一人称认识＝自我认识→辩证法。

3. 第二人称主词→第二人称命题→第二人称认识＝他我认识→类推法。

4. 第三人称主词→第三人称命题→第三人称认识＝对象认识（自然科学）→归纳法。

5. 复合人称（第一人称复数）主词→复合人称命题→复合人称认识＝社会、历史、文化认识（社会科学、历史学等）→解释法。

第五，在一定的命题系统中，当把命题和命题的关联显在化时，推理或命题的复合才得以成立。为此，矛盾律就成为必要条件。产生矛盾的命题应该在体系中被排除。

末木认为，通过对上述五种认识的分别再反省，形式科学、自我认识、他我认识、自然科学和社会科学等各自的特征就得以显在化，五种认识就被明确区分开来。这时其各自的特征如下：

第一，不定人称认识（形式科学）。这种认识是以不定人称命题为媒介而成立的。由于这种命题的主词是不定人称主词（变项符号），其命题不受特定领域的限制，可以适用于一切领域，所以就具有普遍性，因而其认识是形式的。逻辑学和数学的普遍形式性可以这样来说明，具有这种普遍形式的形式科学特征的推理，是演绎法或演算。这是通过反复应用有限个的普遍规则而达到特殊结论的程序。逻辑和数学就是这样的演算体系。不过，逻辑的演算和数学的演算也有不同，即在数学中，数学归纳法成立，而在逻辑中，它不成立。作为一切认识的必要条件的矛盾律，由于是属于逻辑学的，所以逻辑学就构成一切认识的基础。在这点上，逻辑学比数学更有普遍性。这一思想在末木与他的学生合著的《逻辑学——知识的基础》一书中曾得到阐发。①

第二，第一人称认识（自我认识）。这种认识，是作为认识主观或行为主体的自我，由反省自我本身而产生的自觉。因此，这种认识的主词是第一人称主词（"我"），其谓词是作为统觉（apperception）的谓词"（我）思想"这样的动词。而所谓自觉，就是"我思想我""我思想我的思想"这种形式的自我反射命题。由于这种自我反射命题是把一个自我分裂为主词和谓词，所以必然地内含着自我矛盾。这种自我矛盾在形式上跟罗素的集合的矛盾一样。这样一来，自我的自觉就包含着自我矛盾。如果要遵守矛盾律，就应该排除这种矛盾。而为了排除这种矛盾，就要把第一人称命题做种种变形。这个过程无非是辩证法。于是自我就依据辩证法的推理，来自觉自己的种种相貌。

第三，第二人称认识（他我认识）。这种认识，是把第二人称（他我）作为主词，把可能性的统觉动词（"[你]可能认为……吧"）作为谓词的第二人称命题。

---

① 参见末木刚博等：《逻辑学——知识的基础》，孙中原译，中国人民大学出版社1984年版，第5—10页。

即根据"你可能认为这个景色美丽吧"这样的命题而成立的认识。这是自我（第一人称）考察他我（第二人称）的认识。因此，第二人称认识（他我认识）是凭借由第一人称（自我）到第二人称（他我）类推而成立的。类推是由个别事物到个别事物的推理。把类推应用于第一人称和第二人称之间，就是第二人称认识的类推。充当这种类推的前提的第一人称命题，是由自我的自觉构成的直言命题。可是作为类推的结论的第二人称命题，由于是表达他我的自觉，所以从自我看来是不确实的，充其量不过是可能性的事项。因此，由第一人称到第二人称的类推，是由直言命题到可能命题的推理。如"我认为这朵花是美丽的，所以你也可能认为这朵花是美丽的"，就是这样的推理。第二人称（他我）认识只是可能性的认识。

第四，第三人称认识（对象认识）。这种认识是用第三人称命题表达的。其主词是跟第一人称（自我）相对的客观对象。因此，由于这是与自我的主观相对立的事物的认识，所以为自我的主观所特有的统觉的谓词（如"思想"等）不能成为第三人称命题的谓词；而表达客观世界的感觉的诸性质的词汇可以构成其谓词。于是，"这朵花是红的""这块石头是硬的"这种第三人称感觉命题就得以成立。这就是所谓"描述命题"。第三人称认识基本上就是这样依靠各个描述命题而成立的。不过第三人称认识并没有到此完结。总括多数描述命题间的关系（条理）的全称命题是必要的。凭借这种全称命题，建立对自然法则的认识。所谓自然科学正是这样的认识。根据有限个描述命题，通过推理得到普遍的自然法则，是所谓归纳法。不过正如亚里士多德所说的，这是不完全归纳法。因此，通过这种推理导出的自然法则，并不是绝对确实的，只是相对确实的。因此，自然科学通过实验观察，不断修正对于自然法则的认识。

第五，复合人称认识（社会、历史、文化认识）。这种认识是用复合人称命题表达的。其主词是第一人称复数（"我们"）。第一人称复数是第一人称的自我和第二人称的他我的复合，是表达自我和他我的集团。因此，复合人称认识是关于集团生活的认识。具体来说，集团生活是社会、历史、文化的活动。因此，复合人称认识构成社会科学、历史学、文化学等。这种集团生活包含劳动、生产、经济活动等，其认识是由自我的自觉类推人格的自由，或借助数学处理金钱的计算。从根本上说，这是运用推理，根据集团生活的目的，评价集团生活的实际情况。这种评价的推理可以叫"解释法"。社会科学、历史学、文化学等经常借助这种解释法来进行评价。

以上五种认识的一个共同的必要条件是矛盾律。因为包含矛盾的命题不可能区别事物。要区别事物，得到明确认识，应该排除矛盾。于是矛盾律就构成一切认识的必要条件。

在末木看来，由于对矛盾律有两种不同的处理方法，相应地也就有两种不同的合理性：对立的合理性（西方型合理性）；融合的合理性（东方型合理性）。

为了明确理解事物，就应该遵守矛盾律，排除矛盾，这是没有例外的，即矛盾律是明确理解的必不可少的条件。而不能明确理解的，自然也不用遵守矛盾律。

从原理上说，不能适用矛盾律的事物也有，不过这种事物不可能被明确理解。例如，对邓完白（字石如，中国清代篆刻家、书法家）的隶书作品有无矛盾的提问，是完全无意义的。这是因为矛盾的有无，是关于命题系统的讨论，对与命题系统没有关系的书画作品不能适用。

不过，即使对本来可以适用矛盾律的命题系统来说，对其矛盾律的处理方式也有两种思维方法。这就是上述对立的合理性和融合的合理性。末木进而揭示了东西方不同的合理性的逻辑结构。

所谓对立的合理性，是严格区别包含矛盾的命题系统和无矛盾的命题系统，把二者二元论地对立起来。为了准确说明这一点，可从符号逻辑上加以分析。设无矛盾的命题系统为 S，任意命题变项为 p、q 等。～为否定符号，∧为联言符号，⇒为假言（蕴含）符号，∀为全称符号，

∃为特称（存在）符号等，则：

"包含矛盾的命题应该从无矛盾的命题系统S中排除。"这一原理就成为：

$$(\forall p)[p \Rightarrow (\exists_q)(q \wedge \sim q) \Rightarrow \sim (P \in S)] \quad (1)$$

这可叫作"对立的合理性的原理"。

末木认为，欧美历来的合理思想，除少数例外，几乎都是以对立的合理性为根据的。因此，这种合理性可以叫作"西方型合理性"。例如，即使黑格尔倡导的辩证法，也是不包含矛盾，借助排除矛盾来进行思考。因此，其辩证法采取不断对立抗争的形式。于是"对立的合理性的原理"成为欧美文明的根本，其宗教（神和人的绝对对立）和道德（善和恶的绝对对立）等也都是以这个原理为基础的。不过，即使欧美最近也在诸方面表现出放松这个对立的原理的尝试。例如，多值逻辑（不严格区别真假，承认真假的中间值的逻辑学）和模糊逻辑学，就是试图克服二元的对立的思维方法的显著尝试。

合理性的第二种形式是"融合的合理性"。这不是把矛盾和无矛盾二元地对立起来，而是部分地包含矛盾，但作为全体，却保持无矛盾性的体系的思考。即不是把矛盾排除在自身之外，而是把矛盾容纳进自身之内，并使之融合的合理性。

从符号逻辑上来分析，"有包含着一切，而不为任何

东西所包含的全体,把这叫作 M",表示为下式:
$$(\forall x)(x \in M) \cdot \sim (\exists_y)(M \in y) \quad (2)$$
在公式(2)中,以 M 代入 x,以 M 代入 y,则:
$$(M \in M) \cdot \sim (M \in M) \quad (3)$$
而公式(3)是矛盾式,以 0 表示。于是,由公式(2)和公式(3),则:
$$(\forall x)(x \in M) \cdot \sim (\exists_y)(M \in y) \Rightarrow 0 \quad (4)$$
用简单的计算,只由 $(\forall_x)(x \in M)$ 也可以代之以公式(2),而得到同样的结果,即:
$$(\forall x)(x \in M) \Rightarrow 0 \quad (5)$$
但由矛盾可导出一切命题,即:
$$0 \Rightarrow (\forall p)p \quad (6)$$
因此,由公式(5)和公式(6),则:
$$[(\forall x)(x \in M) \Rightarrow 0] \cdot [0 \Rightarrow (\forall p)p] \quad (7)$$
此式的意义是:"包含一切的全体,也包含矛盾,并以矛盾为媒介包含一切认识。"

把上述公式(1)代入公式(7)的 p,则:
$$[(\forall x)(x \in M) \Rightarrow 0] \cdot [0 \Rightarrow 公式(1)] \quad (8)$$
此式的意义是:"包含一切的全体,也包含矛盾,并以其矛盾为媒介,也包含对立的合理性。"可以把这叫作"融合的合理性的原理"。

这种"融合的合理性",是把矛盾包含在自己之内,而作为全体，是无矛盾的。因此，这不是把矛盾排除在自己之外，而是吸收到自己之内的合理性。这种融合的合理性，如公式（2）所表示的，是以绝对的全体为前提的。这种绝对的全体也可以叫"包越（包含和超越）的全体"。由于包越一切，自然也包容矛盾。

西方型的对立的合理性历来把矛盾和无矛盾对立起来，采取了二元论的立场，所以就不承认包容一切的包越的全体。这里有对立的合理性和融合的合理性的根本的不同。

末木指出，融合的合理性是历来在欧美几乎未见的思维方法，而在东方的古典中却随处可见。在这个意义上可以把它叫作"东方型合理性"。老子的"无"，庄子的"混沌"，大乘佛教的"空"，西田几多郎的"无的场所"等概念，虽然具有各自不同的特征，然而它们在这点上是一致的，即都意味着"包含矛盾的包越的全体"的概念。

可是，学术界历来都把欧美的对立的合理性作为标准来进行判断，而把这些东方思想作为不合理的东西加以蔑视。然而正如公式（8）所表示的，毋宁说这是把对立的合理性也包含在内的融合的合理性。这说明西方误解了东方，并且在这种误解的基础上排斥东方。可是东方并不排斥西方，而是在自身中包容西方。因此，在末木看来，我们如若站在这种东方型的融合的合理性的立场上，人类就能够在无限的大自然（上述公式［2］至［8］中记为 M

的包越的全体）中，顺应着大自然而共同生存，保持着受容一切矛盾的宽容，进而根据必要行使对立的合理性，并整理大自然和人生。

末木刚博在青年时期主要研究西方哲学和逻辑思想，中年以后用很大精力研究东方哲学和逻辑思想，以及东西方思想的比较贯通。自称本来"仅稍窥西方学术"，至"初老之期"，"不由渐生似乡愁之情，思慕东方之心愈益迫切"，"喜好东方古典的亲情与日俱增"。[1]经多年精心钻研，他在对东方哲学和逻辑思想及其与西方思想的比较研究上成果颇多。所著《东方合理思想》一书的宗旨，是在"东方思想的大密林"里"采集东方的合理思想、逻辑思想"。逻辑的、合理的思想，一般认为是由古希腊创始，以后为西方所独自专有的东西。然而在印度和中国思想中，业已确立了堪与古希腊相匹敌的令人惊奇的逻辑学。他在许多论著中着力探讨了东方的逻辑学和方法论等合理思想的系统，并通过跟西方思想的对比，探究其真髓。

末木刚博指出："东方思想一般以对实践的兴趣为中心，与西方'为知识而知识'的唯理倾向有根本不同。"[2]

---

[1] 末木刚博：《东方合理思想》，讲谈社1970年初版，1980年第7次印刷，"前言"第3页。中文版：末木刚博：《东方合理思想》，孙中原译，江西人民出版社1990年版，第1页。以下引用该书，以中译本为准。

[2] 末木刚博：《东方合理思想》，孙中原译，第1页。

末木首先以印度思想为例，指出印度思想是以宗教的实践为着重点，但它试图从知识论上来把握这种实践，所以具有非常合理的一面。其合理性的最初成果是早期佛教。它在不违反科学合理性的前提下，来说明求得解脱的方法。它虽以宗教解脱为目的，但其思想方法同西方近代康德批判哲学或最近的分析哲学有极其类似的一面，即它们在批判和排除独断的形而上学思想，专注于对现实的批判态度上是相同的。由于对现实采取了合理的批判态度和宗教理论论争的需要，不久就诞生了印度独特的逻辑学。它以佛教为中心而兴起，在佛教以外也逐渐盛行。其内容是形式逻辑学，其发达的顶点，如陈那的新因明逻辑，完全依靠自己的独立的力量，达到了跟西方亚里士多德的逻辑学大致同等的高度。不过亚氏所开创的西方逻辑是科学的工具，而印度逻辑则是宗教解脱的工具。在印度还以佛教为中心发展出一种独特的辩证逻辑，即以矛盾为中介的思维辩证法。它以解脱为目的或以解脱为内容。这种辩证法自从迁移到中国佛教以后，变形为更独特的思维方式。以黑格尔为代表的西方辩证法，是用来研究认识内容不断重新展开的过程，而佛教系统的辩证法，是用来把同一认识内容以种种不同观点给予重新评价的非过程的辩证法。同时西方辩证法是把认识不断重新展开的肯定型的辩证法，而印度佛教系统的辩证法基本上是否定型的辩证法。

在谈到中国思想时，末木认为中国思想的特征，是以矫正道德和改革政治的实践为目的。为了矫正道德、改革政治，应该有正确的认识。而为了获得正确认识，应该把握作为认识普遍原理的逻辑。于是根据这种实践的需要，中国也建立了一种独特的逻辑学。中国古代形式逻辑由墨家和荀子建立起来。由墨翟创始的墨家逻辑（墨翟弟子的逻辑思想特别丰富），对概念、判断和推理各部门做了广泛考察，总结出思维的基本形式。中国逻辑系统的一个主流是儒家的正名逻辑，其代表是荀子的名词或概念逻辑学。中国的概念逻辑中也包含比较成熟的命题论和推理论。名家所提出的形形色色的悖论，也是以高度发达的对逻辑法则的认识为前提的。而韩非子是历史上最早提倡矛盾律的人之一。由于矛盾律是合理思维的基本原则，所以提倡矛盾律是中国古代思想具有极合理一面的佐证。由此中国古代形式逻辑构成了一个完成形态的合理的思辨体系，跟希腊或西方思想"为知识而知识"不同，中国思想是"为道德和政治而知识"，中国逻辑是道德和政治的工具。

末木看到，在中国，跟"正名"的形式逻辑相并列，还有另一种独特的逻辑即辩证法逻辑。例如，老庄思想所具有的否定辩证法和《易经》中所见的肯定辩证法，都是独特的思维方法，与西方系统的过程辩证法不同，与佛教的非过程辩证法也不同。《易经》讨论了相反因素的互补性及其变化循环，所以可以叫作互补的循环的辩证法。它是在西方和印度均未见到的深刻人生智慧的表现，对我们现代人也有许多教益，在现代社会生活中也具有值得学习的东西。辩证逻辑在中国佛教中也非常发达，并且建立了在印度所没有看到的独特形态的辩证法。中华民族自古就培育了矛盾的观念和相互关联的思维方法，这是中国佛教辩证法发达的根源，同时又使中国佛教的辩证法具有自己独特的形态。与印度否定型的阶段的辩证法不同，中国佛教辩证法是肯定型的非阶段的辩证法（以三论宗、天台宗和华严宗为代表），这是中国佛教的独特逻辑。中国佛教是肯定现实的佛教，在中国佛教的思维方法中，互相矛盾的概念互相不可分地关联着，构成思辨的整体性的脉络。对事物从相互关联上做同时性地综合把握，就可以避免错误。把此事物与彼事物割裂开来做孤立观察，就会发生错误。这种整体论的真理观，在现代也可以适用。如天台宗讲圆顿的认识方法，圆是把诸概念在相互关联的整体上加以认识，顿即非阶段地同时性地把握事物。这是非常合理的。中国佛教逻辑的精密程度令人吃惊，不能说远东民族在逻辑上不强。

综上所述，我们看到末木刚博逻辑研究的视野比较开阔，他不仅着力研究传统的和现代的形式逻辑，并且重视研究辩证逻辑，而对东西方逻辑的比较研究尤为深入精到，受到学术界的推重。

(本文原载卞崇道、加藤尚武编:《当代日本哲学家》，社会科学文献出版社，1992年版)

附录四　末木刚博对东西方逻辑和文化的比较研究

孙中原

日本当代哲学家末木刚博致力于东西方逻辑和文化比较研究数十年，成果颇丰。末木在《东方合理思想》等论著中对中国、印度和西方形式逻辑与辩证逻辑思想比较研究的成果是引人注目的，他论东西方文化中对立和融合两种合理性的见解也有其合理意义。

在世界文化史上，曾经产生了三种系统的逻辑学说，这就是古代中国、印度和希腊的逻辑学。中、印、希三大逻辑传统，源远流长，影响至深。它们几乎同步肇始于公元前六、前五世纪，继而在数世纪中兴旺发达。进入近代以后，随着东西方逻辑和文化交流的进一步展开，对中、印、希三种逻辑学说及其在文化史上的地位、价值和意义的比较研究，就成为学者所关注和深入思索的课题。

但是，要想在中、印、希三种逻辑的比较研究上做出成绩，并不是很容易的。这需要对三种逻辑学说都有全面、深刻、准确的理解。而做到这一点就有相当难度。且不说比较研究应该对三种逻辑都熟悉，即使对其中一种逻辑——例如中国逻辑——要把它弄懂弄通，已属不易。就中国逻辑而言，其经典著作《墨经》素称难读。费三十年之功，集前贤之大成，潜心治墨的古文经学家孙诒让（1848—1908）说："先秦诸子之讹舛不可读，未有甚于此书（指《墨子》）者。"又说："此书（指《墨子》）最难读者，莫如《经》、《经说》四篇。"（见《墨子间诂》）黄绍箕在《墨子间诂·跋》中亦称《墨经》中"有专家习用之词"（当时各种知识的常用语），"有名家（相当于逻辑学家）奥衍之旨"。可见《墨经》中逻辑精旨在清末《墨经》校释家那里，还基本上是一个未知的领域。孙诒让于清光绪二十三年（1897）曾写信给梁启超（1873—1929），切盼梁氏能把《墨经》中的类似亚里士多德演绎法、培根归纳法和佛教因明论（印度逻辑）的"微言大义"研究清楚，并把此项研究视为旷代盛业。

不过，梁氏在清末民初关于《墨子》的诸多论著，如《子墨子学说》《墨子之论理学》《墨子学案》和《墨经校释》等，于墨家逻辑虽极尽宣扬鼓吹之能事，但却很难说已经准确把握了个中精蕴。这不是由于梁氏不够聪明，而是表明墨家逻辑研究之不易①。中国学者尚且如此，外国学者要来了解墨家逻辑之类的问题，自然是难上加难。

然而日本学者末木刚博，不仅对墨家逻辑有所钻研，更在三种逻辑的比较研究上成绩斐然。早在1968年日本岩波书店出版的哲学讲座第十卷《逻辑》中，末木氏就在《逻辑学的历史》②一文中，对中、印、希三种逻辑学说进行了比较研究。而在1970年日本讲谈社出版的末木氏专著《东方合理思想》中，则将这种研究向前大为推进③。书中以比较的方法，展示了堪与古希腊相媲美的中国和印度逻辑的精华，追寻了东方逻辑传承的系谱，并在东西方文化对比的大视野中探究了东方逻辑的真髓。在末木氏的论著中，对东西方逻辑和文化的比较研究，是颇为引人注目的。

贬抑东方逻辑和文化的合理成分，可能是出于某些西方人的傲慢，也可能是出于某些东方人的自卑。末木在其论著中反对此类偏向。他凭借着对西方逻辑和文化精深研

---

① 在梁启超之后的数十年间，墨家逻辑的研究有了较大进展。参见沈有鼎：《墨经的逻辑学》，中国社会科学出版社1980年版。孙中原：《中国逻辑史》（先秦），中国人民大学出版社1987年版。

② 末木刚博：《逻辑学的历史》，孙中原译，载《现代逻辑学问题》，中国人民大学出版社1983年版。

③ 末木刚博：《东方合理思想》，孙中原译，江西人民出版社1990年版。

究的功底①，转而探究东方逻辑和文化的真谛。末木在《东方合理思想》一书的前言中，自称本来仅稍窥西方学术，待到初老之期，遂不由渐生一种类似乡愁之情，思慕东方之心愈益迫切，爱好东方古典的亲情与日俱增。末木说："在血浓于水的道理上，四角四方的汉字，毕竟比西方的蟹行文字更容易入心。即使对于难解至极的梵文拼写，对其内容也并非不感到亲切。"末木把从东方文化中汲取其合理的逻辑思想，比作"吮吸东方母亲的乳汁"。他说："东方是我们的乡里，我们自然有从自己乡里的历史和精神中吸取营养的权利。"末木就是带着这种热爱东方的感情和"吮吸东方母亲的乳汁"的愿望，矢志进入东方文化的大森林中，不辞辛劳地去采摘东方逻辑之果，其收获可以说是颇为丰富的。

一、从比较中看东方的形式逻辑

我们这里所说的东方形式逻辑，主要是指印度因明和以《墨经》《荀子·正名》为代表的中国逻辑（名辩学）。

---

① 见末木刚博等：《逻辑学——知识的基础》，孙中原译，中国人民大学出版社 1984 年版。末木刚博：《逻辑学概论》，东京大学出版会 1978 年版；《现代逻辑学》，东京弘文堂 1978 年版；《符号逻辑学》，东京大学出版会 1962 年版；《维特根斯坦逻辑哲学论的研究》，有斐阁 1976 年版。

（一）中国的形式逻辑学说

中国逻辑在公元前六世纪至前五世纪萌芽，而于前四、前三世纪达于极盛。逻辑学说在春秋战国时期产生发展，不是偶然的。它是先秦百家争鸣的必然结果。中国逻辑通常被称为名学、辩学或名辩之学，是作为诸子百家争鸣辩论的工具方法而被总结和应用的。名就是语词和概念，辩就是辩论，包括证明和反驳。中国逻辑肇端于孔子的"正名"，而完成于诸子的辩论。人只要动脑筋思索，开口说话，就不能不用语词和概念。凡有人群之处，也不会没有辩论，即证明和反驳。在先秦的百家争鸣中，那些聪明绝顶、口若悬河的诸子精英们，无不对语词、概念或辩论方式的运用给予特殊的关注。这便是中国逻辑学产生的社会历史原因。在以后漫长的封建社会中，古代逻辑的经典多有遗失。至今犹存者，以《公孙龙子·名实论》《墨经》和《荀子·正名》为代表。而其中最重要者，当属后期墨家的著作《墨经》。

然而自秦始皇"焚烧百家语"和汉武帝"罢黜百家，独尊儒术"之后，较为合理、系统的墨家逻辑之学也随之衰竭，以致中国逻辑经典《墨经》被埋没达两千年之久。清中叶至近代以来，许多学者整理、解释《墨经》，但真正了解墨家逻辑精蕴者甚少，于是就有人匆忙地做出"中国无逻辑"的断言。

而末木则充分地肯定了逻辑在中国古代思想中的地位。他认为"中国古代的形式逻辑是由墨家（墨翟及其学派的人）和儒家一派的荀子等建立起来"，"构成了一个完成形态的合理的思辨体系"。由墨翟创始的中国逻辑，是中国古代合理精神的结晶。墨子提出"三表"法，注意寻求立论的历史和现实根据以及实际应用的效果。所以具有演绎、归纳、实验方法的萌芽，表现了反思论证形式、认识逻辑规律的努力。而墨子后学的思想，则显得特别丰富。其"名、辞、说"三种形式，相当于亚里士多德逻辑的概念论、判断论、推理论三个部门，可以说是有一定高度的逻辑学。这种高度的逻辑自觉，包含了我们现在应该学习的合理性。其概念论揭示了属种之间的关系，跟亚氏的概念论（范畴论）一致。其论"或"（特称、或然、选言）、"假"（假设、假言）、"效"（演绎）、"譬"（譬喻、概念之间的类比）、"侔"（命题之间的类比）、"援"（援引对方言行的类比）、"推"（归谬式类比推理）等，很有特色。其对推论方法的条分缕析，可以跟亚氏逻辑相媲美。其关于"同异"概念意义的正确分析，是卓越的思维方法。总之，由墨翟所创始的墨家逻辑思想，做了遍及概念、判断和推理各部门的广泛考察，认识到了思维的基本形式，具有古代世界所罕见的彻底的合理精神。

中国古代逻辑注重"正名"，儒门孔、荀的逻辑就突出表现了这一特点。"正名"可以说是在知识、理性指引下的实践的逻辑操作。明确概念的定义方法是逻辑的第一急务。孔子把相当于定义的"正名"作为最初要件加以倡导，在逻辑上是完全正确的。这跟古希腊苏格拉底以定义获取正确知识之法相似，二者同是向逻辑学迈出的第一步。不过孔子的"正名"不适用社会实践范围之外的知识领域，这是孔子逻辑的偏狭之处。荀子进一步从纯粹逻辑学的意义上来"正名"，建立了集大成式的概念逻辑。荀子的"正名"是早期的符号逻辑思想。他认为正名的目的是区别、指示对象，这是对符号功能的正确规定，在现代也完全适用。荀子指明认识需要借助名（语言、符号）的媒介。荀子的"共名"相当于西方形式逻辑的属概念（"大共名"即范畴），"别名"相当于种概念。其"由别至共"和"由共至别"的符号演算过程，相当于概念的概括、限制，或近似于归纳、演绎的过程。荀子把诡辩的基本形式巧妙地整理为"用名以乱名"（用一个概念搞乱另一个概念）、"用实以乱名"（用实际对象搞乱概念）、"用名以乱实"（用概念搞乱实际对象），表现了荀子逻辑思维的敏锐。

　　形式逻辑的矛盾律是合理思维的基本原理，其完成形态是由韩非揭示的。末木用符号逻辑方法分析了韩非的学说，断言韩非是以实例的形式，明确揭示了矛盾的结构，确立了形式逻辑的矛盾律。

关于名家惠施和公孙龙等人的诡辩学说，末木将其与古希腊的芝诺或印度的龙树做了比较，认为他们的奇词怪说中包含了许多正确的逻辑，具有敏锐高超的逻辑洞察和令人惊奇的高级逻辑思维。如从分析"一尺之棰"的有限推出"万世不竭"的无限，认识到有限和无限的相通之处。

通过中外、东西方逻辑的比较研究，末木指出中国逻辑的长处是概念论较发达，而判断论和推理论则相对贫乏，特别是对思维形式本身缺少纯逻辑的探讨。其中的一个原因，是中国古代思想家比较关心政治伦理的实践，为当时实践的目标所拘限。在当前实践上视为必要的，就研究；认为在实践上暂时不需要的，就没有兴趣研究。中国文化的这一特点带来一个弊端，即狭隘片面的实践观、功利观和理论上的近视症，这是不利于中国科学文化发展的一个因素，是应该吸取的一个历史教训。

（二）印度的形式逻辑学说

印度的形式逻辑（即因明）是以推理论为中心来展开自己的体系的。它经历了一个由古因明到新因明的发展过程。历史上因明学的许多著作被翻译成汉语或藏语，甚至一些印度逻辑著作的梵文原本业已丧失，仅有汉、藏译本存世。但因明学始终没有在中国社会上广泛流传，仅在少数学者的书斋里或寺院的经堂上被诵读钻研。一种不能在社会上广泛流传和应用的学说,自然缺乏生命力。这其中必有文化学上的教训可以总结:其一是因明学采用了宗教经典中的术语与和尚诵经式的语言,而没有使用大众化、通俗化的语言;其二是因明论著的中译本没有与中国土生土长的逻辑术语挂钩,不便为中国世俗知识分子所接受;其三是缺乏比较研究和说明,没有与世人更易接受的西方式逻辑融会贯通。末木氏的成果显然有一大突破,即把艰涩难懂的印度逻辑的整套特殊语言翻译为现代式的、大众化的语言,并使用符号逻辑方法加以解释说明,使之更容易为一般人所接受,同时这也就更可以看出印度逻辑的性质和特点,从而便于传播和应用。

末木以符号逻辑工具分析论证了《恰拉卡本集》的五支论式是由假言三段论法构成的类比推理,而《正经理》的五支论式是兼有类比推理和直言三段论两种性质的过渡性形式。到陈那的新因明,才完成了作为完整演绎推理形式的三支论式。如就下例而言:一切话语都是有暂时性的(宗,结论)。因为一切话语都是人为的(因,小前提),而一切人为的都是有暂时性的(同喻体,大前提)。如瓶子(同喻体,跟结论主项话语同类的例子)。并且一切非暂时性的都是非人为的(异喻体,大前提的对偶,即完全换质位判断)。如虚空(异喻体,跟结论主项话语异类的例子）。其中由同喻体、因和宗所构成的推理，是相当于亚里士多德三段论的第一格 AAA 式。而保证三支论式有效的因明基本原理"因三相"，也被给出了跟亚氏三段论规则相对应的解释。第一相"遍是宗法性"相当于亚氏三段论规则"小前提应该是肯定的"。第二相"同品定有性"相当于"大前提应该全称"和"中项必须周延一次"。第三相"异品遍无性"是与第二相等价的另一种说法。陈那独创的"九句因"是完全列举大前提（同喻体）的所有可能性，而以第二、三相为标准来加以鉴别，以提供保证推论有效的正确大前提。

  东方思想的一般特点是以对实践的兴趣为中心，与西方"为知识而知识"的唯理论倾向不同。而印度思想的特色则是以宗教实践为着重点。其合理的一面是知识性、批判性，而排除独断，在思维方向上与西方近代的康德哲学或分析哲学近似。不同的是，康德哲学或分析哲学是以近代科学为基础，而印度宗教思想以解脱为目的。印度逻辑的发达导源于印度思想中的理性因素，而学派、教派的论争，又成为逻辑学诞生的导引。印度逻辑在佛教内外发展起来。其发达的顶点，如陈那和法称的新因明，达到了跟亚氏逻辑大致同等的高度。不过亚氏作为科学的工具，探讨了逻辑的所有部门，而印度逻辑作为解脱的工具，则以推理论为中心，其概念论、判断论不发达。就概念的定义理论而言，比中国逻辑（如荀子的"正名"）还稍逊一筹。借助命题（判断）的认识则被叫作"恶分别"。这就产生了轻命题而重推理的特殊逻辑。由于印度逻辑轻命题，所以尽管在推理论、谬误论中发现了"相违"（矛盾）的谬误，但是不能把矛盾律（以命题形式表达）作为规律抽象出来[①]。这是印度逻辑的不足之处。

二、从比较中看东方的辩证逻辑

末木认为在中国思想中有与形式逻辑并列的另一种逻辑，即辩证逻辑。他着重分析了《易经》和老庄的辩证逻辑思想。就《易经》逻辑而言，其特点是不把事物当作孤立的实体来考察，而是从阴阳（即积极的和消极的，肯定的和否定的因素）二元的组合关系上来看待事物。这可以说是函项关系论的逻辑。数学函数是应变数随独立变数的变化而变化，《易经》的学说是互为应变项。如男对女是阳、对双亲是阴，女对男是阴、对子是阳。所以阴阳不是单项（一元）谓词，而是二项（二元）谓词。一般来说，若 x 对 y 是阳，对 z 是阴。阴阳是相对的二项关系（二元谓词）。一事物依其所处位置不同，或

---

① 末木刚博：《因明的谬误论》，孙中原译，载《因明新探》，甘肃人民出版社1989年版。

为阴，或为阳，其性质不是孤立的、绝对的。这种相对关系的逻辑比孤立的、绝对的实体论的观察方法更适合于现实，具有合理的意义。

阴和阳不仅有其相对性，还有其互补性、均衡性和交替变化的性质。如男对女是阳，则女对男是阴。双亲对儿子是阳，则儿子对双亲是阴。一般来说，x 对 y 是阳，则 y 对 x 是阴。这是阴阳的互补和均衡的性质。但由于阴阳是两个事项之间的相对关系，所以它就依情况的变化而变化。一个男子，对于其双亲是阴，对于一女子是阳。同一事项依关系的不同或由阴而阳，或由阳而阴地转化着。万物都随着相互的关联而交替变化。所谓"一阴一阳之谓道"（《易·系辞上》），就是指阴阳交替变化之道。这既是自然界的法则，又是道德修养的规范。实现这种法则是事物的本性，依据这种规范行事是道德的善。所谓"继之者善"，"成之者性"（《易·系辞上》）。这种依据阴阳矛盾概念的相互关系来说明万物生成变化道理的逻辑，即以矛盾为媒介的逻辑，正是辩证逻辑。《易经》的辩证逻辑由于是在合理思维的范围内，以矛盾为媒介而重新获得肯定的逻辑，所以具有肯定性。由于它是依据同一事物与其他事物的关联来讨论阴阳变化的过程，所以又具有过程性。

《易经》的逻辑追求矛盾双方的互补、均衡、调和，但也包含不断排除不均衡（不正、不应）的否定性活动，所以在调和中也有斗争的要素。所谓"天地革而四时成，汤、武革命顺乎天而应乎人"（《易·革·彖传》），即肯定自然界春夏秋冬四季和人类社会都是通过斗争而重新构成的，并且直接肯定了"革命"是顺乎天理、合乎人情的大事。《易经》逻辑适应于过去时代现实的社会实践而有巨大的效果，在现代社会生活中也具有值得汲取的内容。在为人处世方面，这种逻辑可以作为有效的指导原理。依据这种逻辑，对待人生的吉凶善恶，如果依据情况妥当处置，力争化凶为吉，化恶为善；如果错误处置，反会化吉为凶，化善为恶。这种逻辑教导人们，应经常视情况慎重图谋，处于顺境不懈怠，遭逢逆境不灰心。《易经》逻辑的弱点，是其中也用极其奇怪的空想形式混入了不合理的思辨。

  末木在研究中追寻了辩证逻辑从印度佛教到中国佛教迁移演变的轨迹。印度佛教中的辩证逻辑思想带有否定的和非过程的性质，这跟西方辩证逻辑思想的肯定性和过程性不同。古希腊哲人苏格拉底通过对话揭示论敌的矛盾，从而驳倒论敌，以获得新的合理思想。这是以矛盾（不合理性）为中介，促使合理思想由低级向高级推移。与此相类似的龙树的议论方法，是以揭示合理性的自相矛盾为手段，否定合理性，而复归于非合理性。龙树用反驳（归谬法）来对认识进行批判，在这一点上与康德的"辩证论"

相似。他论证把事物作为孤立的实体来处理会出现谬误，从而成功地阐述了因果的相互依存关系。即如果 A 是 B 的因，则 B 是 A 的果，反之亦然。把因果作为相互关联的二项关系，可以避免对因果认识的谬误。

辩证逻辑在中国佛教中也非常发达，并且有在印度所未见的独特形态。中国从古代起就对社会的实践表示了强烈的关心，所以对实践中的矛盾也早就意识到了。汉民族自古就培育了一种矛盾的观念和相互关联的思维方法，养成了不是孤立地考察实体，而是从相互关联上来进行思考的习惯。这是中国佛教中辩证逻辑发达的母胎，并且也决定了中国佛教中辩证逻辑思想的肯定性和非阶段性（同时性）。其代表是三论宗、天台宗和华严宗。

印度龙树的辩证思维是否定性的、阶段性的，世亲的辩证思维是肯定性的、阶段性的。与此不同，中国三论宗、天台宗、华严宗，甚至整个中国佛教的辩证思维都是肯定性的、非阶段性的。这也表现了汉民族强烈的肯定现实的精神。天台宗把矛盾对立的诸概念作为相互关联的整体来加以理解的思维方法，表现了中国佛教的独特逻辑。这种逻辑的精密程度令人吃惊，所以不能说东方民族在逻辑上不强。天台宗主张，综合观察事物的相互关联，可以避免错误；把事物割裂开来孤立地进行观察，则会发生错误。这种整体论的真理观在现时代仍具有应用价值。但在天台宗的思想中没有充分发挥否定的作用，不是通过否定来进行批判和克服，更不是通过否定来进行改革。马克思曾经指出，辩证法的本质是批判的和革命的。黑格尔说，精神的力量在于否定，否定力的减弱也是精神的衰颓。天台宗的极端肯定，是无批判地承认现实、接受一切（承认、容许一切，毫不违逆）的消极态度，这是其思想的一个致命弱点。

三、东西方文化中的两种合理性

末木由比较逻辑的研究而扩展到比较文化的阐发。他用现代逻辑的方法分析人类的各种认识，认为西方思想强调对立的合理性，东方思想注重融合的合理性。

所谓对立的合理性，是严格区别包含矛盾的命题系统和无矛盾的命题系统，把二者二元地对立起来。对立的合理性原理是"包含矛盾的命题应该从无矛盾的命题系统中排除"。西方历来的合理思想，除了少数例外，几乎都是以这一原理为根据的。因此这种合理性可以叫作"西方型的合理性"。对立的合理性原理是西方文明的根本。其宗教（神和人绝对对立）和道德（善和恶的绝对对立）等，都是以这个原理为基础的。不过，西方最近有在许多方面放松这个原理的尝试。如多值逻辑（不严格区分真假，承认真假的中间值的逻辑学）和模糊逻辑学，就是试图克服这种二元对立的思维方式。

所谓融合的合理性，是不把矛盾和无矛盾二元地对立起来，而是部分地包含矛盾，但作为全体，却保持无矛盾性体系的思考。即是不把矛盾排除在自身之外，而把矛盾容纳进自身之内，并使之融合的合理性。融合的合理性的原理是"包含一切的全体，也包含矛盾，并以其矛盾为媒介，也包含对立的合理性"。历来在西方罕见的融合的合理性，在东方的典籍中却屡见不鲜。所以这种合理性可以叫作"东方型的合理性"。老庄、大乘佛教和西田几多郎等的哲学，虽然各具特点，但有一点是一致的，即都承认"包含矛盾的包越（包含和超越）的全体"的概念。

然而，多数西方学者历来都以西方对立的合理性为标准来进行判断，而把东方思想作为不合理的东西加以蔑视。事实上是某些西方学者误解了东方，并在这种误解的基础上排斥东方。可是东方型的合理性，是把西方型的对立的合理性也包含在内的融合的合理性。东方并不排斥西方，而是在自身中包容西方。

在末木看来，人们如果能站在东方型的合理性的立场上，就能够在无限的大自然中，顺应着自然而共同生存，保持着受容一切矛盾的宽厚，进而根据必要使用对立的合理性，整理、改造自然和人生。

人们也许会对末木的结论提出某种异议，但在东方各国经济、文化发展的大趋势中,既学习、容纳西方的优势、长处,又不失掉东方民族固有的优良传统,此种考虑无疑是具有合理意义的。

(本文原载《中国人民大学学报》1992年第6期)